低温下玉米幼苗

光合生理和膜脂代谢的分子机理研究

● 谷英楠　著

U0306693

中国农业科学技术出版社

图书在版编目（CIP）数据

低温下玉米幼苗光合生理和膜脂代谢的分子机理研究/
谷英楠著. --北京：中国农业科学技术出版社，2022.11
ISBN 978-7-5116-6044-2

Ⅰ.①低… Ⅱ.①谷… Ⅲ.①玉米-幼苗-光合作用-
植物生理学-研究②玉米-幼苗-代谢-分子生物学-研究
Ⅳ.①S513

中国版本图书馆 CIP 数据核字（2022）第 225340 号

责任编辑　周丽丽
责任校对　李向荣
责任印制　姜义伟　王思文

出 版 者　中国农业科学技术出版社
　　　　　北京市中关村南大街 12 号　　邮编：100081
电　　话　(010) 82109194 (编辑室)　　(010) 82109702 (发行部)
　　　　　(010) 82109709 (读者服务部)
网　　址　https://castp.caas.cn
经 销 者　各地新华书店
印 刷 者　北京建宏印刷有限公司
开　　本　170 mm×240 mm　1/16
印　　张　7
字　　数　140 千字
版　　次　2022 年 11 月第 1 版　　2022 年 11 月第 1 次印刷
定　　价　60.00 元

内容提要

玉米原产于中南美洲，全生育期要求较高的温度，对低温冷害非常敏感。在我国东北玉米主产区，玉米幼苗在春季经常遭受低温冷害的侵袭，因此，解析低温胁迫下玉米生理、生化及分子调控网络对阐明玉米的冷响应机制及培育抗逆性作物具有重要意义。本研究以玉米骨干自交系合 344 为研究材料，对 2 叶 1 心期幼苗进行 5 ℃ 和 10 ℃ 低温胁迫处理（22 ℃ 为对照），利用高通量转录组测序及脂质组检测技术，在生理、生化以及分子生物学水平上研究低温胁迫条件下玉米叶片生理响应、脂类代谢变化、基因表达调控情况，为深入解析玉米幼苗低温胁迫响应机制奠定基础。主要研究结果如下。

第一，低温下玉米幼苗叶片转录组学分析。对 3 个温度（5 ℃、10 ℃、22 ℃）处理的 9 个玉米叶片样品进行 RNA-seq 测序分析，结果表明 5 ℃ 低温会诱导 3 090 个冷胁迫相关基因上调表达，2 686 个冷胁迫相关基因下调表达。22 ℃ vs 5 ℃ 比对组在 KEGG 数据库中共注释到了 1 087 个显著差异表达基因（$Log_2FC \geq 2$ 或 $Log_2FC \leq -2$），其中新陈代谢类别中差异表达基因最多；在低温胁迫下大量转录因子参与冷响应调节，如 NAC、ERF 和 bHLH 类转录因子所占比例较高；在生物合成、激素和植物信号转导等途径中也有大量基因受到低温胁迫的诱导。

第二，低温下玉米幼苗叶片光合相关基因表达情况及光合特性分析。利用获得的玉米幼苗低温转录组数据（22 ℃ vs 5 ℃ 对比组），筛选光合特性相关的基因并分析其差异表达情况。结果显示与叶绿素相关的基因中，参与叶绿素合成的基因多数下调表达，而参与叶绿素降解相关基因多数呈上调表达。对玉米幼苗低温胁迫下叶片光合参数测定结果表明低温处理下 F_v/F_m 呈现下降趋势，玉米叶绿素含量也降低，5 ℃ 下的玉米叶绿素含量变化幅度最大，在 24 h 时降低了 0.1 μg/mL。低温下玉米叶片光合参数的变化趋势与相同处理条件差异基因表达趋势一致，揭示了低温下光合参数变化的分子基础。

第三，低温下玉米幼苗保护酶系统相关基因表达及酶活性分析。在低温下玉米叶片中 SOD、POD 活性随着处理时间的延长而增加，MDA 含量则随着时间的延长先上升后下降。RNA-seq 数据显示，ROS 相关基因中两个 *Cu-ZnSOD* 基因在低温胁迫下表达量高，同时 *POD* 基因在低温胁迫下也有着明显的上调表达。*LOX*1 基因在低温胁迫下也有明显上调。

第四，低温下玉米叶片转录组脂类相关基因差异表达分析。利用获得的玉米幼苗叶片低温转录组数据（22 ℃ vs 5 ℃对比组），筛选获得玉米脂类代谢相关的显著差异表达基因（$Log_2FC \geqslant 1.5$ 或 $Log_2FC \leqslant -1.5$）基因 212 个，分类到 18 个脂类代谢途径中，其中 117 个为上调表达，95 个为下调表达。差异基因在"磷脂信号""真核磷脂合成与编辑"及"真核半乳糖脂、硫脂和磷脂合成"途径中富集明显，说明磷脂和半乳糖脂代谢途径在低温下被激活。

第五，玉米叶片低温脂质组学分析。利用脂质组学（Lipidomics）分析技术首次对玉米叶片中的甘油酯类的含量和脂肪酸组成进行了全面分析，共检测到 6 种磷脂、2 种半乳糖脂、1 种硫脂和 3 种溶血磷脂。玉米叶片中半乳糖脂 MGDG 和 DGDG 的比例最高，其次为磷脂。在 5 ℃低温胁迫下 DGDG 所占摩尔百分比升高，而 SQDG 及 MGDG 的含量降低；磷脂中 PA 摩尔百分比在低温下升高，是对照温度的 4.9 倍；而 PC 含量降低。根据对脂类在各温度下的脂肪酸分子种的分析，MGDG 和 DGDG 在各温度下均在 36∶6 分子种所占摩尔百分比含量最高，其中含有大量 18∶3 脂肪酸，表明玉米是典型 18∶3 植物，而且均在 5 ℃时最高。

第六，低温玉米膜脂相关差异表达基因与代谢物互作网络的构建。通过对转录组和脂质组数据进行联合分析，并利用 22 ℃ vs 5 ℃对比组数据，构建了玉米在低温条件下光合膜脂代谢调控网络。在低温条件下，内质网上的磷脂合成途径和叶绿体中的糖脂合成途径的大部分反应被激活，催化这些反应步骤的基因大多呈现出上调表达。冷胁迫下多个 *PLD* 基因上调表达，说明 PLD-PA 途径是形成 DAG 的主要途径，也是在冷胁迫下为叶绿体原核途径糖脂合成提供前体的主要途径。

目　　录

1 绪 论

低温是限制植物生长、发育及地理分布的主要环境因子之一，也是作物生长发育中经常遇到的一种自然灾害。玉米起源于亚热带，对温度非常敏感，同时在低温下更易受到伤害[1]。尤其是玉米生长的早期即幼苗期，更容易受到冷害（>0 ℃）、冻害（<0 ℃）等低温伤害[2]。东北地区是我国玉米主产区，但是由于地处寒带，玉米幼苗在春季经常遭受低温冷害的侵袭，造成大面积减产，冷胁迫已经成为限制东北地区玉米产量的主要因素之一，因此，玉米幼苗响应低温胁迫的机理研究对于选育耐寒玉米新品种及发掘优良抗性基因具有十分重要的意义。

1.1 冷害的概念及类型

影响农作物产量的重要因素之一是温度，温度的变化对农作物的生长起着至关重要的作用。温度对植物生长的影响有 3 个基点：最低温度、最适宜温度和最高温度。低于最低温度，植物所受的危害称为冷害[3]。

按照低温对植物的伤害特点，可将冷害分为以下 3 种：延迟型冷害、障碍型冷害和混合型冷害。延迟型冷害指玉米在营养生长期间温度偏低，发育期延迟导致玉米在霜冻前无法正常成熟，籽粒含水量增加，千粒重下降，最终造成玉米籽粒产量下降。障碍型冷害是玉米在生殖生长期间，遭受短时异常低温，生殖器官的生理功能受到破坏。混合型冷害是指在同一年度里或一个生长季节同时发生延迟型冷害与障碍型冷害。张梦婷等[4]通过对近 50 年气象数据分析，并利用春玉米延迟型冷害指标进行鉴定，得出东北三省的冷害为延迟型冷害，即在玉米生长前期（苗期）突然遭受 0 ℃ 以上低温，造成幼苗大面积死亡，产生严重的田间缺苗，产量大幅度下降。符琳[5]的研究也表明 6—8 月低温对玉米产量影响较大。其中黑龙江为东北三省中低温冷害发生频率最高的省份[6]。

1.2 低温对玉米幼苗生理活性的影响

处于幼苗期的玉米容易受到延迟型冷害威胁，低温胁迫对玉米幼苗造成的危害主要表现为叶片、茎秆等生长发育缓慢。同时在低温处理玉米幼苗后，发现其株高、鲜重、干重均低于对照[7]。

1.2.1 低温胁迫对植物体内活性氧（ROS）防御系统的影响

细胞内活性氧（ROS）是在叶绿体、线粒体、过氧化物酶体和细胞质中形成的。正常条件下在 ROS 防御系统保护下植物体内的 ROS 处于动态平衡状态，一旦植物遭遇非生物逆境或生物逆境，植物体内的 ROS 迅速积累，此时 ROS 原有的平衡状态会被打破。当植物体内的 ROS 积累过多时，超出 ROS 防御系统的清除能力，活性氧分子会攻击膜脂、蛋白质和 DNA 等生物大分子，进而造成细胞内一系列代谢反应发生变化[8]。ROS 对膜脂的攻击产生的影响主要表现在导致膜质过氧化，破坏膜的结构等方面。

植物体内的 ROS 防御系统主要分为两种类型：一种是酶促防御系统，包括超氧化物歧化酶（SOD）、过氧化氢酶（CAT）、过氧化物酶（POD）、谷胱甘肽过氧化物酶（GSH-Px）和谷胱甘肽还原酶（GSH-R）；另一种则是非酶促防御系统，即维生素 A、维生素 C、维生素 E、辅酶 Q、硒和一些硫基化合物[9,10]。

Fridovich 等把 SOD、CAT 和 POD 这 3 种酶统称为细胞保护酶系统，其活性的变化趋势能反应作物的抗寒能力[11]。低温条件下植物体内 SOD、CAT、POD 等保护酶活性较高，使植物具有较高的活性氧自由基的清除能力[12,13]。植物的抗冷性与 ROS 清除系统的激活存在相关性，例如抗寒品种的黄瓜[14]、水稻[15]体内的 SOD 活力比冷敏感品种要高。随着低温处理的时间增加，SOD 活性表现是先上升后下降的趋势[16]，有些植物则为先下降后上升再下降的趋势[17]。

1.2.2 低温胁迫对玉米光合作用的影响

光合作用是能量转化过程也是一个生化反应过程。光合作用将光能转化为化学能，是利用太阳将二氧化碳和水合成为有机物并释放氧气的过程。主要分为两个过程，第一个为光反应过程，即将光能转化为三磷酸腺苷（Adenosine triphosphate，ATP）和还原型辅酶 II（Nicotinamide adenine dinucleotide phosphate，NADPH），释放氧气；第二个为暗反应过程，主要是利用光反应的产物，即 ATP 和 NADPH，将 CO_2 同化为碳水化合物[18]。光合作用的主要代谢功能是传递光能，光合作用过程也是重要的高度集成的生命过程，在植物几乎全部生育阶段中为植物提供必需的能量及代谢物质。

植物正常生长离不开光合作用，在非生物胁迫下，光合作用更易受到影响，使光合性能变弱[19]，影响作物正常生长发育，最终影响作物的产量和品质。当光合系统吸收的光量子超过 CO_2 同化消耗的光量子时，光抑制就会发生[20]。在非生物胁迫下，光系统Ⅱ（PSⅡ）是最容易受损的部位[21,22]。在低温胁迫下，叶绿体中叶绿素含量、叶绿体类囊体膜的组分，以及其他构成光合系统的成分也受到影响，叶绿体不能正常发育，影响光合作用的顺利进行[23]。

玉米是 C_4 植物，低温胁迫下，光合速率与常温对照相比降幅可达 90%，同时，叶片膨压、空气水蒸气下降，引起部分气孔关闭[24]。有研究表明，光合速率降低可能是受气孔关闭的影响。气孔关闭使 CO_2 流动受阻，造成 CO_2 供应不足，进而导致光合速率降低[24,25]。徐田军等[26]研究表明低温胁迫下玉米幼苗的光合速率（Pn）、气孔导度（Gs）、光系统Ⅱ光化学的最大效率（F_v/F_m），以及叶绿素含量与对照相比均降低，并且随着低温胁迫时间的加长这些变化会更加明显[27]。

1.3 低温对植物膜脂代谢调控的影响

1.3.1 植物膜脂多样性研究进展

生物膜（biological membrane）是细胞、细胞器和其与环境接界的所有膜结构的总称，是镶嵌有蛋白质和糖类（统称糖蛋白）的磷脂双分子层。生物膜起着划分和分隔细胞和细胞器的作用，也是与多种能量转化和细胞内通信有关的重要部位。同时，生物膜上还有大量的酶结合位点。动物细胞的细胞膜多种多样，包括等离子体膜、线粒体膜与过氧化物膜等。植物细胞还含有独特的细胞器，如叶绿体、液泡和共生体，所以细胞膜也具有多样性[28]。植物膜脂是细胞中各种生物膜及原生质的主要组成成分，构成了生物膜的脂质双层结构[29]。构成生物膜的主要脂类有磷脂（phospholipid）、糖脂（glycolipid）和胆固醇（cholesterol）[30]。磷脂中的鞘磷脂和糖脂中的鞘糖脂普遍存在于哺乳动物细胞中，胆固醇也在动物细胞中广泛存在。而在植物细胞中，磷脂和糖脂中分别以甘油磷脂和甘油糖脂为主要成分，其中甘油磷脂遍布植物细胞器中，而甘油糖脂则是叶绿体中类囊体膜上所特有的。

甘油磷脂是构成植物细胞膜的主要组分，在不同的膜系统中具有不同脂酰链组成和构成比例[31]。甘油磷脂主要是由 C、H、O、N 和 P 5 种元素构成，以甘油为骨架的极性脂类。甘油磷脂的碳 1 位（sn-1）和碳 2 位（sn-2）链接着不同碳链长度的脂肪酸，末端的羟基也通常酰基化，形成疏水性尾部（R1 和 R2），其碳 3 位（sn-3）通过一个磷酸基团连接亲水醇，形成极性头部。根据极性头的不同，植物中的磷脂分子主要有磷脂酰胆碱（PC）、磷脂酰乙醇胺（PE）、磷脂酰丝氨酸（PS）、磷脂酰肌醇（PI）、磷脂酰甘油（PG）及磷脂酸（PA）6 种磷脂分子，此外还有溶血磷脂类，它们的形成是由于磷脂分子失去一条疏水侧链。

甘油糖脂的结构与甘油磷脂相类似，甘油糖脂是由甘油磷脂其碳 3 位（sn-3）的亲水性醇类被糖基团所取代的产物，主要包括半乳糖脂（单半乳糖甘油二酯-MGDG 和双半乳糖甘油二酯-DGDG）和硫脂（硫代异鼠李糖甘油二酯-SQDG）。

1.3.2　植物光合膜脂研究进展

真核细胞的细胞膜发挥着多种功能，从维持细胞和细胞器的结构到转化光能形成化学能。同时，不同的亚细胞结构的细胞膜含有不同的脂质成分以满足各细胞器自身的需求。与动物、真菌或非光合菌的细胞膜相比，植物叶绿体（包括类囊体膜）的膜脂是与其他膜脂完全不同的。叶绿体膜脂是由被膜、间质和类囊体 3 个部分组成，这也是光合作用主要场所。叶绿体膜脂包括单半乳糖甘油二酯（MGDG）、双半乳糖甘油二酯（DGDG），以及硫代异鼠李糖甘油二酯（SQDG），此外还有一个磷脂中的磷脂酰甘油（PG）[32]。在叶绿体膜脂中，MGDG、DGDG、SQDG 和 PG 4 种脂类的含量分别占 50%、30%、5%～12% 和 5%～12%[33]。叶绿体膜脂的组成及其结构与植物的光合作用密切相关[34]。

叶绿体膜脂中半乳糖脂的分类及结构研究最早始于 1956 年[35,36]，根据国际生物化学名称委员会的命名，单半乳糖甘油二酯 MGDG 的结构为 1,2-二酰基-3-O-β-D-吡喃型半乳糖基-甘油，而双半乳糖甘油二酯 DGDG 则为 1,3-二酰基-3-O-［α-D-吡喃型半乳糖基（1→6）-O-β-D-吡喃型半乳糖基］-甘油。在植物中，MGDG 由半乳糖甘油二酯合成酶（MGD）催化合成，同时在双半乳糖甘油二酯合成酶（DGD）的催化作用下合成 DGDG。MGDG 和 DGDG 的半乳糖残基通过 β-糖苷键连接到 1,2-甘油二酯的 C-3 位，从而构成糖基甘油酯分子，DGDG 的第二个半乳糖通过第二个 α-糖苷键连接到甘油二酯上。半乳糖脂是不带电荷的中性脂。在拟南芥中有 3 个与 MGDG 合成相关的基因，分别是 *MGD*1、*MGD*2 和 *MGD*3[37]。MGD1 被称为 A 型合成酶，因为其 N 端为 100 个氨基酸形成的转运肽；而 MGD2 和 MGD3 则称为 B 型合成酶，因为其 N 端转运肽为 40 个左右的氨基酸，长度较短。这 3 种 MGD 同工酶中 A 型和 B 型的细胞定位、调控模式以及组织表达部位也不尽相同。在拟南芥中，A 型 MGD 在根、茎、叶等器官中都大量表达，说明其在叶绿体 MGDG 合成中起主要作用；而 B 型 MGD 则主要在花序和幼叶中表达，同时随着植株的生长，幼叶中 B 型 MGD 表达量下降。研究表明，在叶绿体中，A 型 MGD 定位于内被膜上，而 B 型 MGD 则定位于外被膜上。同时 MGD 中 A 型和 B 型的反应底物也存在差异，A 型的反应底物多来源于 18：1/16：0-DAG 和 18：2/18：2-DAG；B 型的反应底物更多时来源于 18：2/18：2-DAG。其中 18：1/16：0-DAG 主要通过质体产生，由原核途径而来[37]，表明 A 型 MGD 对于真核途径和原核途径的 DAG 底物均有催化作用，B 型 MGD 对来自真核途径的 DAG 底物具有特异性。通过对拟南芥 mgd1 突变体的研究发现，MGD1 的突变削弱了原核合成途径，而增强了真核合成途径对糖脂合成的贡献[38]。由于 MGDG 同时也是合成 DGDG 的底物，其含量变化必然会影响植物中糖脂组分。

在低磷胁迫条件下，MGD 的表达水平有很大差异，如缺磷胁迫时 B 型 MGD 的表达量上升，但植物中的 MGDG 含量却维持相对稳定的水平[39]。可能是由于缺磷胁迫刺激 B 型 MGD 的合成[37]，产生大量 MGDG，MGDG 作为底物进一步合成 DGDG，由于 DGDG 是维持稳定的膜结构和功能的主要脂类，合成的 DGDG 可以被运输到质体外，来补偿由于磷缺乏而供应不足的磷脂。

双半乳糖甘油二酯 DGDG 是由双半乳糖甘油二酯合成酶 DGD 催化生成的。两个 MGDG 分子为 DGD 的底物，将半乳糖分子从一个 MGDG 分子中转移至另一个 MGDG 的半乳糖分子上。两个 MGDG 分子为 DGD 的底物，将半乳糖分子从一个 MGDG 分子中转移至另一个 MGDG 的半乳糖分子上。Dormann 等从拟南芥突变体中鉴定到第一个合成 DGDG 合酶（DGD）[40]。通过酶学验证，DGDG 合成酶位于叶绿体外被膜中[41]。在对拟南芥 dgd1 突变体进行分析发现，其叶片颜色变浅，光合能力受损，同时膜脂中 DGDG 含量减少，导致类囊体膜结构也随之改变[40]。2002 年通过序列比对分离鉴定到 DGD2，与 DGD1 相似的是 DGD2 也定位于叶绿体外被膜上，但由于氨基酸 N-端表达框不同，其蛋白行使的功能不一致[42]。之后的研究发现，DGD2 仅能合成少量 DGDG，只有在 DGD1 被抑制或敲除之后才可以检测到 DGD2 的活性。

硫代异鼠李糖甘油二酯 SQDG 和磷脂酰甘油 PG 在生理条件下为阴离子脂。硫脂 SQDG 在膜脂中占较小的组分，在光合作用和一些非光合作用生物中均有发现。1950 年 A. A. Benson 利用同位素鉴定除 SQDG[43]，其显著特征是含有一个独特的糖基头部，故而称为硫代异鼠李糖甘油二酯。在藻类和植物中 SQDG 的含量为 2%~50%[44]，并且在植物和细菌的光合膜中大量分布，与光合作用息息相关[45]。但也有研究证明 SQDG 可能是在某些环境条件下发挥作用[46,47]。

硫代异鼠李糖甘油二酯 SQDG 是由硫代异鼠李糖甘油二酯合成酶（SQD）催

化生成的。SQDG 的合成主要分两步完成：第一步是亚硫酸盐与 UDP-Glc 反应产生 UDP-硫代异鼠李糖（UDP-SQ）；第二步则是将 UDP-SQ 的 SQ 转移到 DAG 上生成 SQDG[48]。通过遗传分析，在圆鲀属确定 4 种基因（*sqdA*、*sqdB*、*sqdC*、*sqdD*）为合成 SQDG 的重要基因[49,50]。其中，*SqdB* 是类似于修改核苷酸糖的酶，同时也是藻类 *PCC7942* 的同源基因[51]，同时与拟南芥[52]、菠菜[53]和莱茵衣藻中的 SQD 具有序列相似性。在植物和藻类中，*sqdB* 与 SQD1 为直系同源。拟南芥和菠菜中 *SQD*1 存在于叶绿体基质中。SQDG 的合成是在中间体，同时主要通过 *SQD*1 和糖核苷酸酶来催化[54]。有试验研究表明 *SQD*1 活性降低会导致 SQDG 的含量减少[55]，此外在缺磷情况下 SQDG 的含量也会减少。

磷脂酰甘油 PG 是叶绿体（类囊体）膜中唯一的磷脂，植物中几乎全部的 PG 都分布在叶绿体中[56]，对于高等植物的光合作用至关重要[57,58]。在一些高等植物中，PG 是原核合成途径的唯一产物，其他叶绿体脂类均由真核途径完成。从 PA 到 PG 的合成是通过 3 个步骤完成：首先磷脂酸与 CTP 在 CDP-DAG 合成酶（CDS）的催化作用下生成 CDP-DAG；之后磷脂酰甘油磷酸合成酶再催化 CDP-DAG 与另一分子的 3-磷酸甘油反应生成磷脂酰甘油磷酸（PGP）；最后再通过磷脂酰甘油磷酸磷酸化酶作用脱去磷酸生成 PG，大部分相关基因也已经分离到[59,60]。

研究证明，同为阴离子脂，SQDG 和 PG 在某些情况下可以互相代替。在 *sdq*2 突变体中，缺磷情况会促使 PG 迅速增长，其原因可能是 PG 可以代替大部分 SQDG[61]。但同时 PG 合成缺失的突变体中，SQDG 并不能完全补偿 PG，导致在正常光照下光合作用不能正常进行[60]。在含有较少 PG 同时没有 SQDG 的拟南芥突变体中，阴离子脂质大大减少，同时影响突变体的生长和光合作用，表明阴离子脂质对于光合作用的进行非常重要[62]。此外，在缺磷条件下，海洋蓝细菌中 SQDG 可以替代 PG106，表明在海洋蓝细菌中，低磷胁迫下，SQDG 非常重要[48]。

1.3.3 植物膜脂合成途径调控

叶绿体包括外膜和内膜，以及由大量光合膜构成的类囊体。叶绿体/类囊体膜包括两个重要的半乳糖脂，一个是单半乳糖甘油二酯（MGDG），另一个是双半乳糖甘油二酯（DGDG）[63]。动物细胞合成脂肪酸是在细胞质，甘油糖脂的合成主要是在内质网、高尔基体、线粒体中[64]。在植物细胞中，虽然脂肪酸的合成均在叶绿体中，但甘油糖脂的合成则有两个不同的途径，一个是原核途径即质体途径，这一途径是在叶绿体被膜中完成；另一个途径为真核途径也称为内质网途径，是在内质网中完成[65]。尽管这两条途径是分布在两个空间，但它们之间也有协同过程，此外不同植物之间也有着巨大差异[66]。除此之外，脂质的组装或修饰在线粒体和高尔基体完成。不同的植物中参与叶绿体脂质合成的途径不同[67]，拟南芥中叶绿体的原核途径和内质网的真核途径对糖脂合成的贡献几乎是相同的，但有些植物只利用内质网的真核途径[68]。根据酰基结构来分析，单细胞绿藻衣藻的叶绿体脂质则只用原核途径；然而不同酰基转移酶的特异性尚未确定，对于种子植物可能不尽相同。定位在内质网中的酰基转移酶优先转运 18 碳的脂肪酸到甘油骨架的碳 2（sn-2）位置，而在定位在叶绿体中的酰基转移酶则优先转运 16 碳的脂肪酸到甘油骨架的碳 2（sn-2）位置[69]。由于这种酶的底物利用特异性，导致在叶绿体和内质网中形成的糖脂合成前体（主要是二酰甘油 DAG）的脂肪酸组分的差异，进而形成不同的半乳糖脂[56,70]。

内质网（ER）产生的叶绿体脂质前体会转移到叶绿体中。脂质、疏水分子必须转运到合成它们的目的地，不论是膜还是细胞外空隙的地方。脂质在细胞器之间的转移与动物细胞相似，这也包括在质体膜、线粒体和过氧化物酶体之间转移[71,72]。

1.3.4 低温下植物膜脂合成途径的变化

大多数温带植物都形成了抵御低温的生理、分子和生化水平上的机制[73]。膜流动性的调节机制是植物适应温度变化的主要机制之一。这个机制受脂质双分子层中各种脂质的分布比例及甘油糖脂分子上脂肪酰基团的不饱和度影响[66,74,75]。

叶绿体是植物光合作用的关键细胞器，也是研究脂质的关键细胞器。植物的抗寒性越强，磷脂的含量越高，相互为正相关的关系[76]。如果植物在合成磷脂的过程受到阻碍，其抗寒性就会减弱。有报道显示通过低温处理红小豆，其磷脂和糖脂均发生变化，PC 和 PE 含量的增加尤为明显，而 PI 合成减少。通过对不同冷敏感型的水稻品种进行低温试验，结果表明，抗冷性强的品种中 18：2/16：0 含量较多[77]。也有研究证明，在冷胁迫下 SQDG 的含量也会随之变化[78]。

在 16：3 植物拟南芥中的研究表明，在非生物胁迫下，光合膜脂合成的途径主要依赖真核途径[79-82]。尽管最近也有一些研究表明，在温度胁迫下，18：3 植物小麦中这两个途径也有动态变化，但其深入的机制研究目前仍然比较缺乏[80,83,84]。一些生化数据以及分子生物学研究证明，这两条途径中的关键酶在转录水平上的关系是相互协同作用[85]。在拟南芥中，光和温度刺激会促进其协调表达，同时甘油糖脂分子种会有变化[78,80,86]。但是，16：3 植物和 18：3 植物膜脂代谢过程的生化和分子机制方面的综合信息仍然缺乏，其调控的精确因素在很大程度上仍未知。

1.3.5 低温下脂信号转导研究进展

磷脂酸（PA）是磷脂生物合成的前体，是几乎所有的生物膜脂生成过程必不可少的，同时在某些真核生物中也被证明是一个主要的脂信号，如酵母、植物和哺乳动物[87-90]。PA作为动植物体内的一个脂质调节因子，参与调控多种细胞生物学过程。关于PA的调控作用，动物中研究比较深入，植物中报道较少。近些年研究发现PA同样调控植物的生长、分化、繁殖、激素响应以及多种生物和非生物胁迫的信号转导过程。病原体、干旱、盐胁迫、冷害等多种生物和非生物胁迫，均可诱导植物体内PA水平的升高。脂质信号磷脂酸（PA）可以通过PLC/DGK和PLD两条不同的生物合成途径产生。一条是通过磷脂酶D（PLD）直接水解磷脂，包括磷脂酰胆碱（PC）和磷脂酰乙醇胺（PE）。第二条途径是经过磷脂酶C（PLC）和二酰甘油激酶（DGK）催化从而水解多磷酸肌醇磷脂（PPIs）然后催化二酰甘油（DAG）最终合成磷脂酸（PA）[90,91]。

PA参与到盐，冷，热，干旱以及病原反应[88,91-94]。研究发现，低温胁迫下，PLC/DGK与PLD途径均会产生响应。在拟南芥中，低温条件下一些PLD、PLC和DGK基因都会有不同程度的上调。例如，*PLDα*1、*PLDδ*、*PLC*1、*PLC*4、*PLC*5和*DGK*1、*DGK*2[95-98]。然而，随后的一些证据表明低温条件下，特别是早期低温胁迫条件下，PLC/DGK途径为PA产生的主要途径[99,100]。在盐和干旱胁迫条件下，苹果中的一些DGK基因也受到诱导，暗示着DGK基因与植物非生物胁迫防御相关[101]。通过RNA沉默干扰水稻DGK基因家族基因结果表明，防卫基因*OsNPR*1和盐胁迫响应基因*OsCIPK*15都受到不同程度的干扰，这一结果也表明*OsDGKs*在生物胁迫与非生物胁迫中都行使功能[102]。由于DGK基因家族参与复杂的信号网络和多样性，通过DGK参与非生物胁迫响应能更好地理解每个家族成员的功能，以及他们的遗传特性[103]。

DGK编码的二酰甘油激酶通常以多个亚型存在，同时，二酰甘油激酶结构复杂，功能多样。目前已知二酰甘油激酶在哺乳动物中有10种亚型，因为底物的特异性和分布的位置不同而分成了五类。这也可能是为了平衡DAG和PA的信号以及他们不同的细胞响应[104]。模式植物拟南芥中，鉴定到7个DGK基因，经过进化分析显示他们分布在3个不同分支中[91]。植物中第Ⅰ簇的DGK与哺乳动物中的DGKε最为相似。包括一个保守的DGKc结构域（催化DAG激酶结构域）和两个C1-结构域（DAG结合结构域富含半胱氨酸）还有一个跨膜结构域[91,105]。植物中的簇Ⅱ和簇Ⅲ中的DGK只包含有DGK激酶结构域，没有C1-型结构域和跨膜结构域，属于最小DGK亚型[91]。

1.4 植物低温胁迫下分子水平的调控

1.4.1 冷响应相关基因及转录因子

细胞膜的结构是流动性的，低温能够降低细胞膜的流动性，增加其刚性。在低温下，植物细胞的膜流动性发生变化，蛋白质和代谢物都会变化[106]。因此，低温胁迫直接影响植物新陈代谢和转录。植物体内基因表达及其相应的酶的变化直接影响在低温下植物的新陈代谢[107]。低温胁迫直接影响转录因子的表达，包括 AP2-domain 蛋白 CBFs，从而激活下游的冷响应 COR 基因。有研究通过药理学方法，诱导 COR 基因会使紫花苜蓿和芸苔属植物抗寒能力显著[108,109]。CBF 基因是由上游控制的转录因子，其中包括 bHLH 转录因子 ICE1。ICE1 是受到类泛素化和多泛素化的影响以及在此之后的蛋白酶降解。植物的抗寒基因只是一种诱发基因，只有在特定条件（主要是低温和短日照）的作用下，才能启动抗寒基因的表达，从而形成一定的抗寒力[110]。低温胁迫下的 CBF 和 COR 基因是通过昼夜节律来变化的，它们的活性是受到等离子体逆行信号的影响[111]。Ding[112] 等最近研究发现，低温胁迫激活 SnRK2.6/OST1，同时 SnRK2.6 与磷酸化 ICE1 相互作用去激活 CBF-COR，使 CBF-COR 在低温下有表达。拟南芥 FAD2 突变体在低温下具有更高的抗低温性，其对二酰甘油激酶的活化能力同样比野生型要强[113]。这些结果都显示，植物细胞可以感知外界低温胁迫，同时发生膜硬化效应。诱使 Ca^{2+} 增加，使得钙信号增强以及磷脂信号增强[114-116]，这些信号通路的变化可能参加低温响应[107]。

二级信号，如脱落酸（ABA）、活性氧（ROS）也可以诱导 Ca^{2+} 参与低温胁迫响应。拟南芥突变体中得到验证，例如 frs1，也叫 los5[117]，los5 突变体对冷胁迫表现极敏感，los 突变体植株表达在低温下显著减少。在低温下，ROS 在细胞中不断增加，例如拟南芥 fro1 突变体中，ROS 在低温下有较高水平的表达。ABA 和 ROS 除对钙的作用外，ROS 信号可以直接通过激活蛋白来应对低温胁迫，如转录因子和蛋白激酶。

综上，低温会影响水分和养分的吸收、膜的流动性、蛋白质和核酸的构象，同时影响细胞的新陈代谢，降低生化反应速率以及基因表达。在拟南芥中，通过分析代谢产物得出，75%的代谢分子在低温下均有增加[118,119]。尽管代谢物分子种没有找到与低温之间的密切关系证明，但在拟南芥中也间接反映出其与耐低温性相关[120]。除此之外，其他代谢物在低温下也有响应的调节机制。例如，在低温下，脯氨酸呈较高水平，同时诱导含有 PRE、ACTAT 元素的基因[121,122]。随着生物工程技术的迅速发展，人们对低温诱导蛋白的结构、功能与抗冷相关基因的序列分析、表达调控等方面做了大量的研究工作，近年来取得了许多有益的进展。这些研究的最终目的为全面了解植物对低温的适应机制，并进一步揭示植物在低温胁迫下的分子调控机制与调控网络奠定基础，并对今后通过基因工程有目的的改良植物的遗传特性，培育抗寒植物品种提供理论指导。

1.4.2　高通量测序技术在植物应答非生物逆境反应的应用

为了进一步从整体水平上看到生物体中基因的表达情况、结构变异及其调控规律，如今最高效快捷的手段即转录组测序技术。转录组学（Transcriptomics），是一门在整体水平上研究特定细胞中基因转录的情况及转录调控规律的学科。转录组的定义分为广义的和狭义的，广义的为生物体的单个细胞或细胞群体所转录出的 mRNA 和非编码 RNA（non-coding RNA、ncRNA 如 rRNA、tRNA、MicroR-NA、snoRNA、snRNA）的总和；狭义的为生物体的单个细胞或细胞群体所转录出的 mRNA 的总和[123]。高通量测序技术的原理为：将特定组织或细胞中的 mRNA 分离后制备成片段化的 cDNA 文库，通过测序平台对 cDNA 文库高通量测序，从而获得一个细胞或生物个体的全转录组信息。以二代转录组测序–Illumina Hiseq 平台为例，其转录组测序策略为双末端测序（Paried-End，PE 125 bp），同时测序流程如下[124]，①用带有 Oligo（dT）的磁珠富集真核生物 mRNA，加入 Fragmentation Buffer 将 mRNA 进行随机打断；②以 mRNA 为模板，用六碱基随机引物（random hexamers）合成第一条 cDNA 链，然后加入缓冲液、dNTPs、RNase H 和 DNA polymerase I 合成第二条 cDNA 链；③利用 AMPure XP beads 纯化 cDNA，纯化的双链 cDNA 再进行末端修复；④加 A 尾并连接测序接头；⑤然后用 AMPure XP beads 进行片段大小选择，最后通过 PCR 富集得到 cDNA 文库。随后将文库进行检测，在 Illumina Hiseq 平台上进行测序。将所得到的序列进行比对或从头组装，主要针对有参和无参基因组（De nove），最终形成全基因组范围的转录组谱。

在转录组测序中，双末端测序可以从一个片段中获得两条序列信息，相比于单端测序增加了物理覆盖度[125,126]，对数据分析的能力有较大提高。同时，双末端测序更容易将信号与转录子联系到一起，如不同剪切方式[125,127]。因此，各平台主要采取的策略即双末端测序。

高通量测序技术目前已广泛应用于植物、动物、医学及药物研发等基础研究领域。RNA-seq 可以产生大量数据，也避免了许多固有缺陷。随着一些模式植物的全基因组测序的完成，越来越多的研究者使用 RNA-seq 技术研究植物在各种组织、各时间点、各品种等其他形式下的基因表达模式。玉米作为重要的粮食作物、饲料和燃料，对人类的生产生活起着重要的作用。因此，研究玉米在特定状态下的基因表达模式尤为重要。

环境适应性是生物生长发育的基础，在长期进化的过程中，形成了一系列形态、生理和生态的适应特征。玉米植株在低温、干旱、盐碱等非生物胁迫，会发生一系列变化从而降低玉米的产量和品质。在这些非生物胁迫下会激活相似的细胞信号通路、引起相似的细胞应答[128]。RNA-seq 技术可以全面揭示植物基因组在非生物胁迫下的表达情况，寻找响应胁迫的关键基因，并构建胁迫响应相关分子调控网络，为改良作物抗逆性奠定基础。在干旱胁迫下，水稻花的转录组分析中发现 1 600 多个差异表达基因[129]，这些基因在花粉粒成熟期受到影响，可以推定干旱胁迫下，植物激素、淀粉合成等途径和花发育过程有复杂的相互作用。同时在后续研究中发现 *OsERF* 基因在对照组老叶中并无表达，但在干旱胁迫下却有表达，这也为后续的表型及分子机理研究提供帮助。在对低磷胁迫下玉米幼苗转录组研究中，分析发现 820 个基因上调，363 个基因则受到下调，这些差异表达基因经比对发现其参与多种代谢途径、信号转导以及发育过程。同时也发现与其他双子叶植物共有和特有的一些应答反应[130]。淹水胁迫也是常见的非生物胁迫之一，研究玉米在淹水胁迫下转录组测序具有重要意义。在分析差异表达基因中可以得出这些差异表达基因同样涉及代谢途径、逆境响应等，且在耐淹水品种下高表达。这也为耐渍新品种的培育提供了良好的基础以及基因资源[131]。

1.5　研究目的与意义

研究目的：本研究以低温处理下玉米幼苗叶片为研究材料，通过高通量转录组测序（RNA-seq）获取低温胁迫下差异基因的表达情况，对与低温响应相关的基因进行分类分析，获取玉米幼苗响应冷胁迫的基因信息。同时，对低温处理下玉米幼苗进行生理指标测定，分析低温胁迫下玉米在生理水平上的响应及相关基因表达情况。另外，由于膜脂代谢对植物响应温度胁迫发挥着重要的作用，本研究利用脂质组学检测技术，全面分析组成细胞膜的主要磷脂类、形成叶绿体类囊体膜的主要糖脂类，以及其他脂类代谢中间产物的变化。同时，利用低温处理下玉米幼苗叶片转录组测序数据筛选脂类相关差异表达基因，并与脂质组数据进行整合，明确低温胁迫下玉米叶片的膜脂代谢调控模式，并构建玉米叶片低温胁迫下膜脂代谢调控网络。

研究意义：玉米作为典型的喜温喜光植物，对温度条件要求较高，对低温冷害的抗性较弱。本研究在生理、生化以及分子生物学水平研究低温胁迫条件下玉米叶片光合生理响应、膜脂代谢调控及基因表达情况，为深入解析脂类信号参与玉米幼苗低温胁迫响应机制奠定基础，为发掘低温胁迫相关的关键功能基因，在分子水平上增强作物抗冷能力，创制耐寒玉米种质资源奠定基础。

1.6 研究内容

1.6.1 低温条件下玉米叶片转录组学分析

利用高通量转录组测序技术（RNA-Seq）对低温处理条件下玉米叶片进行转录组分析。对转录组测序获得的差异表达基因进行功能注释及富集分析，并对参与玉米叶片低温冷害响应基因、转录调控因子、信号转导以及激素调节的相关基因进行统计分析。

1.6.2 低温胁迫下玉米生理响应及基因表达

对低温处理下玉米幼苗进行叶绿素含量、光合作用参数等生理指标测定，同时利用低温处理下玉米幼苗叶片转录组测序数据获取生理参数相关基因表达信息，对生理表型变化和差异基因进行关联分析。

1.6.3 低温胁迫玉米叶片膜脂质组分析及膜脂代谢调控网络构建

利用脂质组学检测技术，全面分析组成玉米叶片细胞膜的主要磷脂类，形成叶绿体类囊体膜的主要糖脂类，以及其他脂类代谢中间产物的变化。同时，利用低温处理下玉米幼苗叶片转录组测序数据筛选脂类相关差异表达基因，并与脂质组数据进行整合，将相关基因与差异代谢物拟合到相关代谢途径上，明确低温胁迫下玉米叶片的脂类代谢调控模式，并构建玉米叶片低温胁迫下膜脂代谢调控网络。利用高效气相、液相和质谱联用技术从生化水平上分析组成细胞膜的主要磷脂类（PC、PA、PE、PS、PI 等）、形成叶绿体类囊体膜的主要糖脂类（MGDG、DGDG、SQDG 等），以及其他脂类代谢中间产物的变化，鉴定玉米响应冷逆境过程中脂类代谢的变化。

2 低温下玉米叶片转录组学分析

2.1 材料与方法

2.1.1 供试材料

玉米骨干自交系合 344，由黑龙江八一农垦大学提供。

2.1.2 处理条件

挑选饱满一致的玉米种子，利用 1% 次氯酸钠进行消毒 30 min 后，用自来水冲洗数次至无味，最后用蒸馏水冲洗 3 次。将玉米种子播在基质中［蛭石：土 = 1：1 ($V : V$)］，在智能人工气候室（22 ℃，16 h 光/8 h 暗）中生长。随后，将生长至二叶一心的玉米幼苗分别置于 5 ℃、10 ℃和 22 ℃（对照）条件下处理，在处理后的 72 h 进行取样。每种样品取样 3 次重复，且每种样品取样均为玉米叶片同一部位。低温处理结束后，将玉米叶片迅速用液氮冷冻处理，在样品送检之前保存于 -80 ℃冰箱中。

2.1.3 文库构建

将样品用干冰运送至北京百迈克生物科技有限公司，样品经质量检测合格后方可建库，主要流程如下：用带有 Oligo（dT）的磁珠富集真核生物 mRNA，加入 Fragmentation Buffer 将 mRNA 进行随机打断；以 mRNA 为模板，用六碱基随机引物（Random Haxamers）合成第一条 cDNA 链，然后加入缓冲液、dNTPs、RNase H 和 DNA polymerase I 合成第二条 cDNA 链，利用 AMPure XP beads 纯化 cDNA；再对纯化的双链 cDNA 进行末端修复、加 A 尾并连接测序接头，再用 AMPure XP beads 进行片段大小选择；最后通过 PCR 富集得到 cDNA 文库。

2.1.4　文库质控和上机测序

文库构建完成后，对文库质量进行检测，检测结果达到要求后方可进行上机测序，检测方法如下：使用 Qubit 2.0 进行初步定量，使用 Agilent 2100 对文库的 insert size 进行检测，insert size 符合预期后才可进行下一步实验。利用 Q-PCR 方法对文库的有效浓度进行准确定量（文库有效浓度>2 nmol/L），完成库检。库检合格后，不同文库按照目标下机数据量进行 pooling，用 Illumina HiSeq 平台进行测序。

2.1.5　测序后数据分析

将下机数据进行过滤得到 Clean Data，与指定的参考基因组进行序列比对，得到的 Mapped Data，进行插入片段长度检验、随机性检验等文库质量评估；进行 GO 功能分析、可变剪接分析、KEGG 注释分析、新基因发掘和基因结构优化等结构水平分析；根据基因在不同样品或不同样品组中的表达量进行差异表达分析、差异表达基因功能注释和功能富集等表达水平分析。

2.1.6　RNA 提取和实时荧光定量分析

2.1.6.1　RNA 提取及反转录

准备工作：研钵、镊子、枪头、量筒、容量瓶等用蒸馏水冲洗干净，置于160 ℃烘箱中烘烤 5 h；0.1%DEPC 水配制：取 100 μL 的 DEPC 加入 100 mL 蒸馏水中，放入摇床中过夜，再置于灭菌锅中进行高压蒸汽灭菌，灭菌 20 min。将经 0.02%的 DEPC 过夜处理后的枪头和离心管置于灭菌锅内高压蒸汽灭菌。

（1）RNA 提取

①向 1.5 mL 离心管中加入 1 mL Trizol 试剂。

②取 50~100 mg 玉米叶片，置于研钵中，加液氮后立即研磨至白色粉末，迅速加到 Trizol 试剂中；室温 5 min 后，加入 1/5 Trizol 体积的氯仿，剧烈振荡15 s，混匀后室温放置 15 min。4 ℃，12 000 r/min离心 15 min，取上清液至新离心管中，同时加入等体积异丙醇，轻混匀，室温 10 min 后置于−20 ℃；2 h 后取出立即 4 ℃离心12 000 r/min 10 min，弃上清，此时沉淀即为 RNA 沉淀；向离心管中加入75%乙醇 1 mL，振荡悬浮沉淀，室温静置 2 min。4 ℃，12 000 r/min离心 15 min，弃上清，开盖在超净工作台中静置干燥 RNA 沉淀。加入 40~45 μL的 0.1% DEPC 水，混匀后置于−80 ℃下保存。

③RNA 浓度测定。利用甲醇凝胶电泳检测 RNA 完整性；利用微量分光光度计测定 $OD_{260/280}$ 值，选取 $OD_{260/280}$ 值为 1.8~2.0 的 RNA，调整至 1 μg 进行反

转录。

（2）总 RNA 反转录

参照 TOYOBO 反转录试剂盒说明书进行反转录。

①4×DN Master Mix 与 gDNA Remover 的混合（仅在初次使用时）。在整管的 4×DN Master Mix（440 μL）中添加 8.8 μL（1/50）的 gDNA Remover，颠倒混匀。

②RNA 的变性。将 RNA 置于 65 ℃条件 5 min 后立即置于冰水混合物中冷却。

③去除基因组 DNA 反应（DNase）（冰上操作）。将 4×DN Master Mix 4 μL 与 RNA 模板 1 μg 混合，加超纯水补足总体积至 16 μL 作为反应液，将反应液混合均匀后，在 37 ℃下温育 5 min。

④反转录反应（冰上操作）。用步骤③中的反应液 16 μL 与 5×RT Master Mix Ⅱ 4 μL 混匀，总体积 20 μL。按以下温度进行反应：37 ℃，15 min；50 ℃，5 min；98 ℃，5min；4 ℃，保持。反应结束后，置于-20 ℃保存。以作为 qRT-PCR 模板。

2.1.6.2　实时荧光定量 PCR

反应体系参照 TOYOBO 实时荧光定量 PCR 试剂盒进行。

（1）依次加入反应液（冰上操作）

2×SYBR© qPCR Mix 5 μL，上游引物（10 μmol/L）0.3 μL，下游引物（10 μmol/L）0.3 μL，cDNA 模板 1 μL，用超纯水补足总体积至 10 μL。

（2）实时荧光定量 PCR 反应程序及计算

预变性 95 ℃，60 s；40 个循环：95 ℃，15 s；55 ℃，30 s；72 ℃，60 s。熔解曲线：65 ℃，5 s；95 ℃，5 s。实时荧光定量 PCR 所得到的 CT 值可以计算出样品中的基因相对表达量，即 $2^{-\triangle\triangle CT}$。

$\triangle\triangle CT = (C_T$目标基因$-C_T$内参基因$)_{处理} - (C_T$目标基因$-C_T$内参基因$)_{对照}$

每次实验每个基因技术重复扩增 3 次，生物学重复扩增 3 次，试验结束后进行溶解曲线分析，鉴定产物是否单一。结果得到的重复值被用来计算平均值和标准差。18S rRNA 为玉米内参基因。引物序列如表 2-1 所示。

表 2-1　实时荧光定量 PCR 引物

引物	序列	基因 ID
18S rRNA-F	5′-AGTTTGAGGCAATAACAGGTCT-3′	
18S rRNA-R	5′-GATGAAATTTCCCAAGATTACC-3′	

（续表）

引物	序列	基因 ID
ZmFAD2F	5′-GCCGCTGCTGATCGTGAA-3′	GRMZM2G056252
ZmFAD2R	5′-GCGTGTCCGTGATGTTGTGG-3′	
ZmFAD8F	5′-TTATCTGCGTGGAGGACTGA-3′	GRMZM2G128971
ZmFAD8R	5′-CGACTTCTTCGGCTCTTTGT-3′	
ZmFAB-1F	5′-TTCGCCAGAACCCTCAAC-3′	GRMZM2G124335
ZmFAB-1R	5′-AACGCCACCTTCACCTCA-3′	
ZmNMT1F	5′-TCTACAGCCGTGACACCA-3′	GRMZM2G170400
ZmNMT1R	5′-CCGCGATGACATTATGAA-3′	
ZmFAB-2F	5′-TTATGTCTCCGACCCAAAT-3′	GRMZM2G428386
ZmFAB-2R	5′-CTTCTGCCTGTCCACTCC-3′	
ZmMGD2F	5′-CGTGTTCTCCAAGGACCCAG-3′	GRMZM2G141320
ZmMGD2R	5′-GGATGTCCCTGACGATGTGG-3′	
ZmDGD1-1F	5′-GTCAGATGTGGTGGATGG-3′	AC233887.1Q_FGT006
ZmDGD1-1R	5′-TGTTGAACTTGAGGAGGC-3′	
ZmDGD1-3F	5′-TTTTCAAGGGAAGGGATC-3′	GRMZM2G092588
ZmDGD1-3R	5′-CCATTGCCTCTTTCACTCT-3′	
ZmMGD3F	5′-AAACCCAAATGGAGAAGTG-3′	GRMZM2G178892
ZmMGD3R	5′-TCTGAATCTGGACCAAACC-3′	
ZmDGD2-1F	5′-TGTGCCAATCACCCGTCAA-3′	GRMZM2G098667
ZmDGD2-1R	5′-TTTCAGTCGCAGCGTCCC-3′	
ZmDGD2-2F	5′-ACAACCACCACCCTCCTC-3′	GRMZM2G160452
ZmDGD2-2R	5′-TGCAAATTCCACCCAAGT-3′	

2.1.7　数据处理与统计分析

采用 Origin 9 进行图表绘制，SPSS 21 进行数据处理。

2.2 结果与分析

2.2.1 转录组数据质量控制

利用紫外分光光度计和 Aligent 2100 Bioanalyzer 检测 RNA 样品，样品检测结果见表 2-2。9 个样品 $OD_{260/280}$ 与 $OD_{260/230}$ 的值均在 2 左右，表明样品纯度较高，由 RIN（Rna integrity number，完整指数）的值可以看出 9 个样品的 RNA 完整性较好，可以用于后续试验。

表 2-2　样品检验结果

样品	体积（μL）	总量（μg）	浓度（ng/μL）	$OD_{260/280}$	$OD_{260/230}$	RIN	28S/18S	结果
10 ℃ ①	27	24.3	899.4	2.00	1.76	7.0	1.4	正常
10 ℃ ②	22	22.1	1 002.6	2.04	1.66	7.6	1.1	正常
10 ℃ ③	22	20.4	925.2	2.01	1.58	7.8	1.2	正常
5 ℃ ①	21	33.7	1 606.1	2.01	1.74	7.1	1.3	正常
5 ℃ ②	17	11.2	656.4	1.91	2.16	7.6	1.3	正常
5 ℃ ③	17	20.8	1 224.6	1.99	2.05	7.9	1.0	正常
22 ℃ ①	22	28.1	1 277.1	2.00	1.83	7.4	1.3	正常
22 ℃ ②	17	16.6	976.9	2.00	1.74	7.0	1.4	正常
22 ℃ ③	17	10.7	627.1	1.97	1.82	7.7	1.3	正常

注：①②③表示同一处理的 3 次重复，下同。

基于边合成边测序（Sequencing By Synthesis，SBS）技术，Illumina HiSeq 高通量测序平台对 cDNA 文库进行测序，产出大量的高质量 Data，称为原始数据（Raw Data），其大部分碱基质量打分能达到或超过 Q30。

Raw Data 通常以 FASTQ 格式提供，每个测序样品的 Raw Data 包括两个 FASTQ 文件，分别包含所有 cDNA 片段两端测定的 Reads。

碱基质量值（Quality Score 或 Q-score）是碱基识别（Base Calling）出错的概率的整数映射。通常使用的 Phred 碱基质量值计算公式如下。

$$Q\text{-score} = -10 \times \log_{10} P$$

式中，P 为碱基识别出错的概率。碱基质量值越高表明碱基识别越可靠，准确度越高。比如，对于碱基质量值为 $Q20$ 的碱基识别，100 个碱基中有 1 个会识别出错，以此类推。

在进行数据分析之前，首先需要确保这些 Reads 有足够高的质量，以保证后续分析的准确。北京百迈客生物科技有限公司对数据进行严格的质量控制，进行的过滤方式如下。

一是去除含有接头的 Reads。

二是去除低质量的 Reads（包括去除 N 的比例大于 10% 的 Reads；去除质量值 $Q \leq 10$ 的碱基数占整条 Read 的 50% 以上的 Reads）。

经过上述一系列的质量控制之后得到的高质量的 Clean Data，以 FASTQ 格式提供。

2.2.2 转录组测序数据的整体分析

利用 Illumina 测序平台对玉米叶片进行测序，测序结果表明（表 2-3），9 个样品共获得 53.05 Gb Clean Data，每个样本生成超过 4GB 的高质量数据。9 个样本 GC 比在 53.88%~57.84%，其中原始标签包括 Raw reads 中 pair-end Reads 总数，测得各样品原始数据为 21 438 497~29 783 218 条，原始数据经质量分析去除低质量序列后，各样品 Clean Data 均达到 4.1 Gb，Q30 碱基百分比在 88.70% 及以上。同时，已将本转录组数据上传至 NCBI 数据库中（登录号：SRX2672484）。

表 2-3 测序数据统计

样品	BMK-ID	原始读序	过滤后读序	过滤后读序	GC 比（%）	%≥Q30
10 ℃ ①	3d101	26 050 022	25 588 128	6 448 208 256	56.36	90.72
10 ℃ ②	3d102	24 620 826	24 097 413	6 072 548 076	56.52	90.68
10 ℃ ③	3d103	20 431 235	20 135 237	5 074 079 724	53.88	88.70
5 ℃ ①	3d51	26 049 564	25 350 227	6 388 257 204	57.27	91.18
5 ℃ ②	3d52	21 438 497	16 257 495	4 096 888 740	57.51	89.27
5 ℃ ③	3d53	24 635 968	21 235 615	5 351 374 980	57.36	90.34
22 ℃ ①	3dc1	26 648 691	25 963 719	6 542 857 188	57.84	90.55
22 ℃ ②	3dc2	29 783 218	28 285 760	7 128 011 520	57.55	90.74
22 ℃ ③	3dc3	24 192 010	23 606 753	5 948 901 756	56.78	90.76

注：GC 比为 Clean data G 和 C 两种碱基占总碱基的百分比；%≥Q30 为质量值大于或等于 30 的碱基所占的百分比。

分别将各样品的 Clean Reads 与指定的参考基因组（玉米，B73Q_RefGenQ_v3，版本：GRCm38，数据下载网址//ftp. ensemblgenomes. org/pub/plants/release－24/fasta/zeaQ_mays/）进行序列比对，通过比对效率可以看出转录组数据利用率，如表 2-4 所示，比对到参考基因组上的 Reads 数目及在 Clean Reads 中占的百分比为 66.51%～70.85%，其中比对到参考基因组上的读序数目占 Clean data 百分比最多的是 10 ℃处理重复 1，共计 69.68%；比对到参考基因组唯一位置的 Reads 数目及在 Clean Reads 中占的百分比为 54.81%～66.09%，其中比对到参考基因组唯一位置的读序数目占 Clean data 百分比最多的是 10 ℃处理重复 2；比对到参考基因组多处位置的 Reads 数目及在 Clean Reads 中占的百分比为 2.49%～11.69%，其中比对到参考基因组多处位置的读序数目占 Clean data 百分比最多的是 5 ℃处理重复 2；比对到参考基因组正链的 Reads 数目及在 Clean Reads 中占的百分比为 29.63%～34.14%，其中比对到参考基因组正链的读序数目占 Clean data 百分比最多的是 22 ℃处理重复 2；比对到参考基因组负链的 Reads 数目及在 Clean Reads 中占的百分比为 29.64%～34.13%，其中比对到参考基因组负链的读序数目占 Clean data 百分比最多的是 22 ℃处理重复 2。

表 2-4　样品测序数据与所选参考基因组的序列比对结果统计

样品	总读序	定位到的读序	定位到唯一位置的读序	定位到多处位置的读序	定位到正链的读序	定位到负链的读序
10 ℃①	51 176 256	35 658 759 (69.68%)	33 028 738 (64.54%)	2 630 021 (5.14%)	17 203 683 (33.62%)	17 161 895 (33.53%)
10 ℃②	48 194 826	33 142 643 (68.77%)	31 853 152 (66.09%)	1 289 491 (2.68%)	16 399 694 (34.03%)	16 341 424 (33.91%)
10 ℃③	40 270 474	27 203 701 (67.55%)	26 201 427 (65.06%)	1 002 274 (2.49%)	13 462 888 (33.43%)	13 398 781 (33.27%)
5 ℃①	50 700 454	35 136 443 (69.30%)	29 554 593 (58.29%)	5 581 850 (11.01%)	16 478 484 (32.50%)	16 528 253 (32.60%)
5 ℃②	32 514 990	21 624 771 (66.51%)	17 823 086 (54.81%)	3 801 685 (11.69%)	9 635 207 (29.63%)	9 638 122 (29.64%)
5 ℃③	42 471 230	29 124 514 (68.57%)	24 528 894 (57.75%)	4 595 620 (10.82%)	13 967 049 (32.89%)	13 995 077 (32.95%)
22 ℃①	51 927 438	35 630 338 (68.62%)	33 588 659 (64.68%)	2 041 679 (3.93%)	17 555 275 (33.81%)	17 497 229 (33.70%)

（续表）

样品	总读序	定位到的读序	定位到唯一位置的读序	定位到多处位置的读序	定位到正链的读序	定位到负链的读序
22 ℃ ②	56 571 520	40 081 524 (70. 85%)	34 268 022 (60. 57%)	5 813 502 (10. 28%)	19 316 147 (34. 14%)	19 308 541 (34. 13%)
22 ℃ ③	47 213 506	32 320 087 (68. 46%)	30 944 173 (65. 54%)	1 375 914 (2. 91%)	15 955 180 (33. 79%)	15 885 408 (33. 65%)

利用 Blast 软件将测序得到的全部基因与对应的五大数据库（COG、GO、KEGG、Swiss-Prot、NR）各自的蛋白或核酸序列进行比对，将比对参数设置为 E 值≤10^{-5}。最终到各大数据库信息如表 2-5 所示。其中，在 COG 数据库中注释的基因数目总计为 12 868 条，在 GO 数据库中注释的基因数目总计为 31 635 条，在 KEGG 数据库中注释的基因数目总计为 7 034 条，在 Swiss-Prot 数据库中注释 27 935 条，在 NR 数据库中注释的基因数目总计为 40 937 条。

表 2-5　所有基因比对到各大数据库信息　　　　　　　　　单位：bp

注释数据库	注释到数目	300≤长度<1 000	长度≥1 000
COGQ_Annotation	12 868	4 850	7 786
GOQ_Annotation	31 635	13 245	17 084
KEGGQ_Annotation	7 034	2 873	3 843
Swiss-ProtQ_Annotation	27 935	11 468	15 704
NRQ_Annotation	40 937	18 264	18 813
AllQ_Annotated	40 940	18 267	18 813

2.2.3　RNA-seq 样品基因表达量总体分布

FPKM（Fragments per Kilobase of Transcript per Million Fragments Mapped）作为衡量转录本或基因表达水平的指标，*FPKM* 计算公式如下。

$$FPKM = \frac{cDNA\ Fragments}{Mapped\ Fragments(\text{millions}) \times Transcript\ Length(\text{kb})}$$

公式中，*cDNA Fragments* 表示比对到某一转录本上的片段数目，即双端 Reads 数目；*Mapped Fragments*（Millions）表示比对到转录本上的片段总数，以 10^6 为单位；*Transcript Length*（kb）表示转录本长度，以 10^3 个碱基为单位。

利用转录组数据检测基因表达具有较高的灵敏度。通常情况下，测序得到的蛋白质编码基因表达水平 FPKM 值横跨 $10^{-2} \sim 10^4$ 六个数量级。如图 2-1 所示，9 个处理的基因表达水平 FPKM 值均横跨 $10^{-2} \sim 10^4$ 六个数量级。

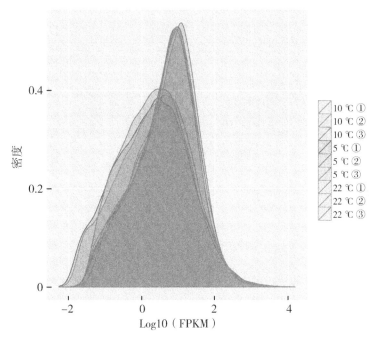

图 2-1　各样品 FPKM 密度分布对比

从箱线图中可以看到单个样品基因水平分布的离散程度，同时也可以直观的比较不同样品的整体基因表达水平，如图 2-2 所示，5 ℃、10 ℃和 22 ℃处理的 3 个重复之间离散程度相似，具有较高重复性。此外，5 ℃处理下的 3 个重复之间 Log2FPKM 值在 -1 ~ 4，这与其他两个处理不同。10 ℃处理下 3 个重复的 Log10FPKM 值为 0 ~ 2 居多，5 ℃处理下 3 个重复的 Log10FPKM 值在 -1 ~ 1 居多，22 ℃处理与 10 ℃下的 Log10FPKM 值相似，22 ℃处理下 3 个重复的 Log10FPKM 值在 0 ~ 2 居多。

将皮尔逊相关系数 r（Pearson's Correlation Coefficient）作为生物学重复相关性的评估指标。r^2 越接近 1，说明两个重复样品相关性越强。图 2-3 即相关性热图，热图颜色为粉蓝色，相关系数越高的用蓝色表示。由图可知，每个处理间 3 次重复的相关性很强，在图中以蓝色表示，而各个处理间相关性较小，在图中以粉色表示。其中对照处理的 3 个重复间相关性最高，颜色

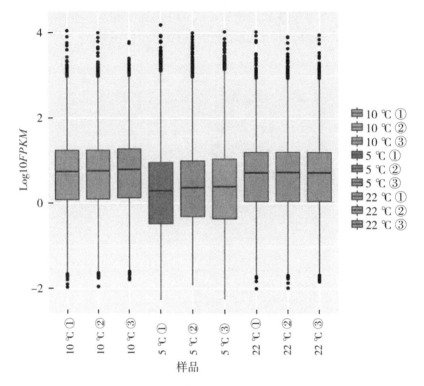

图 2-2　各样品 *FPKM* 箱线图

更为接近。

2.2.4　差异表达基因分析

通过差异表达基因数目统计（表 2-6）可以看出 22 ℃ vs 10 ℃ 对比组中差异表达基因较少，且基因表达倍数大都 5 倍以内，其中 $Log_2FC \leqslant 2$ 的下调基因数目多于上调基因数目；在 10 ℃ vs 5 ℃ 对比组中差异基因数目最多，同时差异表达倍数大都 2 倍以上，其中下调基因总数大于上调基因总数，下调基因差异倍数多在 2~5 倍，少数基因的差异倍数为 5 倍以上；在 22 ℃ vs 5 ℃ 对比组中差异基因数为 5 776 个，同时差异表达倍数大都在 2 倍以上，其中上调基因总数大于下调基因总数。

由表 2-6 可知，10 ℃ vs 5 ℃ 对比组中差异表达基因数目为 5 992 个，其中上调基因 2 643 个，下调基因 3 349 个；在 22 ℃ vs 10 ℃ 对比组中，差异表达基因数目最少（582），其中上调基因 113 个，下调基因为 469 个；在 22 ℃ vs

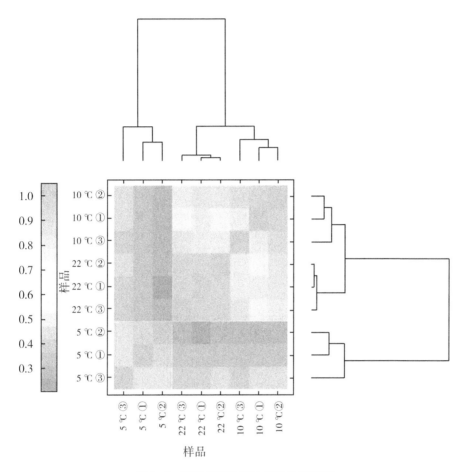

图 2-3　两样品间的表达量相关性热图

5 ℃对比组中，差异表达基因数目为 5 776 个，其中，上调基因为 3 090 个，下调基因为 2 686 个。通过对差异表达基因进一步分析可知（图 2-4），在上调差异表达基因中，10 ℃ vs 5 ℃与 22 ℃ vs 5 ℃对比组中共表达基因为 2 618 个，22 ℃ vs 10 ℃与 22 ℃ vs 5 ℃对比组中共表达基因为 31 个，22 ℃ vs 5 ℃与 10 ℃ vs 5 ℃对比组中共表达基因为 10 个。在下调差异表达基因中，10 ℃ vs 5 ℃与 22 ℃ vs 5 ℃对比组中共表达基因为 1 778 个，22 ℃ vs 10 ℃与 22 ℃ vs 5 ℃对比组中共表达基因为 175 个，22 ℃ vs 5 ℃与 10 ℃ vs 5 ℃对比组中共表达基因为 7 个。

表 2-6　差异表达基因数目统计

差异表达基因组分	所有差异表达基因	上调	下调
10 ℃ vs 5 ℃	5 992	2 643	3 349
22 ℃ vs 10 ℃	582	113	469
22 ℃ vs 5 ℃	5 776	3 090	2 686

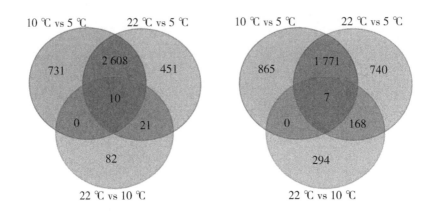

图 2-4　不同处理下玉米差异表达基因维恩图

注：左图为上调差异表达基因；右图为下调差异表达基因。

2.2.5　差异表达基因功能注释及富集分析

利用五大数据库对不同温度下的差异表达基因进行功能注释，10 ℃ vs 5 ℃ 对比组中差异表达基因分别有 2 236 个、5 265 个、1 027 个、5 951 个、4 738个注释到 COG、GO、KEGG、NR、Swiss-Prot 数据库中；22 ℃ vs 10 ℃对比组中差异表达基因分别有 212 个、493 个、99 个、579 个、465 个注释到 COG、GO、KEGG、NR、Swiss-Prot 数据库中；22 ℃ vs 5 ℃对比组中差异表达基因分别有 2 115 个、5 033 个、926 个、5 736 个、4 566个注释到 COG、GO、KEGG、NR、Swiss-Prot 数据库中。

2.2.6　差异表达基因的 GO 分类

对差异表达基因进行 GO 注释，包含 3 个主要分支：生物学过程（Biological process），分子功能（Molecular function）和细胞组分（Cellular component）。彩

图 1 为转录组两两比对后获得差异表达基因 GO 分类柱状图, 其中, 横坐标为 GO 注释的 3 个主要分支, 红色柱代表生物学过程, 绿色柱代表细胞过程, 蓝色柱代表分子功能; 左侧纵坐标表示基因百分比, 右侧纵坐标中较浅颜色代表差异表达的 unigene, 较深的颜色代表全部注释的 unigene。

10 ℃ vs 5 ℃ 对比组差异表达基因共注释到 52 个组中, 且在生物学过程及分子功能的富集度高。在生物学过程类别中, 共注释到了 20 个组, 其中, 细胞过程 (Cellular process) 和代谢过程 (Metabolic process) 中所注释到的差异表达基因最多, 分别为 6 449 个和 6 013 个, 所占差异表达基因数目百分比分别为 75% 和 74%; 在分子功能类别中, 共注释到了 16 个小组, 其中, 在结合 (Binding) 和催化活性 (Catalytic activity) 中注释到的差异表达基因数目最多, 分别为 4 764 和 4 101, 所占差异表达基因数目百分比分别为 57% 和 51%; 在细胞过程类中, 共注释到了 16 个小组; 其中, 注释差异表达基因最多的是细胞部分 (Cell part) 和细胞 (Cell) 中, 分别为 7 402 个和 7 296 个, 所占差异表达基因数目百分比分别为 91% 和 89%。

22 ℃ vs 5 ℃ 对比组差异表达基因共注释到 51 个组中, 且在生物学过程及分子功能两个类别的富集度高。在生物学过程类中, 共注释到了 20 个小组, 细胞过程和单有机体过程 (Single-organism process) 中所注释到的差异表达基因最多, 分别为 3 990 和 3 741 个, 所占差异表达基因数目百分比分别为 79% 和 74%; 在分子功能中, 共注释到了 15 个小组, 在结合和催化活性中注释到的差异表达基因数目最多, 分别为 2 935 个和 2 565 个, 所占差异表达基因数目百分比分别为 58% 和 50%, 而在通道调节活动中无注释差异表达基因; 在细胞过程类中, 共注释到了 16 个小组, 其中注释到差异表达基因数目最多的是细胞部分和细胞, 分别为 4 570 个和 4 494 个, 所占差异表达基因数目百分比分别为 90% 和 89%。

22 ℃ vs 10 ℃ 对比组差异表达基因共注释到 43 个组中, 且在生物学过程及分子功能两个类别的富集度高。在生物学过程类中, 共注释到了 19 个小组, 细胞过程和代谢过程所注释到的差异表达基因最多, 分别为 396 个和 355 个, 所占差异表达基因数目百分比分别为 80% 和 72%, 而在生物附着和生物相中无注释差异表达基因; 在分子功能中, 共注释到了 12 个小组, 在结合和催化活性中注释到的差异表达基因数目最多, 分别为 298 个和 208 个, 所占差异表达基因数目百分比分别为 60% 和 42%, 而在胍基—核酸交换因子活性、翻译调节活性、金属伴侣活性和通道调节活动中无注释差异表达基因; 在细胞过程类中, 共注释到了 12 个小组, 其中注释到差异表达基因数目最多的是细胞部分和细胞, 分别为 447 个和 435 个, 所占差异表达基因数目百分比分别为 90% 和 88%, 而在细胞外基质部分、病毒体和病毒粒子部分中, 无注释差异表达基因。

2.2.7 差异表达基因参与的代谢途径分析

通过 KEGG 可以将所研究的代谢途径更直观展现，本研究将两两比对后的各对比组中差异表达基因注释到 KEGG 中，如彩图 2 所示，横坐标表示为注释的基因数目百分比，左侧纵坐标为各个代谢通路，右侧纵坐标为各大过程，标记数字为注释的基因总数。10 ℃ vs 5 ℃ 对比组中差异表达基因注释到 116 个代谢通路中，22 ℃ vs 5 ℃ 对比组中差异表达基因注释到 113 个代谢通路中，22 ℃ vs 10 ℃ 对比组中差异表达基因注释到 45 个代谢通路中。各对比组中均以代谢（Metabolism）种类为最多（彩图 2）。其中脂肪酸生物合成（Fatty acid biosynthesis）途径和甘油磷脂代谢（Glycerophospholipid metabolism）途径在 3 组内均有差异表达基因。

10 ℃ vs 5 ℃ 差异表达基因在 KEGG pathway 中，共注释到了 1 285 个基因，其中所含差异基因数目排在前 10 位的，分别是：核糖体（100 个）、植物信号转导（80 个）、内质网蛋白加工（71 个）、植物—病原菌互作（59 个）、剪切体（54 个）、嘌呤代谢（53 个）、糖酵解/糖异生途径（53 个）、RNA 运输（51 个）、氧化磷酸化（48 个）和淀粉及糖代谢（47 个），这些代谢通路均与植物低温代谢途径有关，所注释的差异表达基因许多与植物耐低温机制相关。

22 ℃ vs 5 ℃ 差异表达基因在 KEGG pathway 中，共注释到了 1 087 个基因，其中所含差异基因数目排在前 10 位的，分别是：植物—病原菌互作（45 个）植物信号转导（43 个）、糖酵解/糖异生途径（36 个）、淀粉和糖代谢（35 个）、内质网蛋白加工（30 个）、嘌呤代谢（28 个）、氧化磷酸化（26 个）、氨基糖和核苷酸糖代谢（26 个）、嘧啶代谢（22 个）和丙酮酸代谢（21 个），这些代谢通路均与植物低温代谢途径有关，所注释的差异表达基因都与植物耐低温机制相关。

22 ℃ vs 10 ℃ 差异表达基因在 KEGG pathway 中，共注释到了 949 个基因，其中所含差异基因数目排在前 10 位的，分别是：内质网蛋白加工（15 个）、光合作用—天线蛋白（10 个）、剪切体（7 个）、植物信号转导（5 个）、内吞作用（5 个）、植物—病原互作（4 个）、淀粉和糖代谢（3 个）、嘌呤代谢（3 个）、谷胱甘肽代谢（3 个），以及丙氨酸、天冬氨酸和谷氨酸代谢（3 个），这些代谢通路可能与植物低温代谢途径有关。其中，3 个对比组共有的代谢途径是植物信号转导、嘌呤代谢、内质网蛋白加工、淀粉和糖代谢。

2.2.8 差异表达基因的 COG 分类

COG（Cluster of Othologous Group of proteins）数据库是基于细菌、藻类、真

核生物的系统进化关系构建得到的，利用 COG 数据库可以对基因产物进行直系同源分类。

在 10 ℃ vs 5 ℃ 对比组中，"只有一般功能"的差异表达基因数目占比最多（18.63%），数目为 974 条。其次"转录"（Transcription）513 条、"信号转导"（Signal ttransduction mechanisms）473 条和"复制、修复、重组"（Replication, recombination and repair）453 条，分别占比 9.81%、9.05% 和 8.66%。其中转录、信号转导与植物逆境响应密切相关。

在 22 ℃ vs 5 ℃ 对比组中，"只有一般功能"中差异表达基因数目占比最多（18.98%），数目为 600 条。其次"转录"（Transcription）302 条、"信号转导"（Signal ttransduction mechanisms）291 条和"复制、修复、重组"（Replication, recombination and repair）278 条，分别占比 9.55%、9.21% 和 8.79%。

在 22 ℃ vs 10 ℃ 对比组中，"细胞过程和信号"中差异表达基因数目占比最多（18.79%），数目为 53 条。其次"只有一般功能"47 条、"转录"（Transcription）23 条和"信号转导"（Signal ttransduction mechanisms）21 条，分别占比 16.67%、8.16% 和 7.45%。

2.2.9　差异表达基因中转录因子分析

从 3 个对比组中挑选了表达量（Fold change）变化幅度 2 以上（$Log_2FC \geqslant 2$）的上调和下调基因，并将差异表达基因与转录因子数据库进行比对、注释，共检测到 46 个转录因子家族，总计 1 830 个转录因子。其中，22 ℃ vs 5 ℃ 和 10 ℃ vs 5 ℃ 对比组中均发现 46 个转录因子家族，而 22 ℃ vs 10 ℃ 对比组中则仅发现 30 个转录因子家族。

由彩图 3 可知，22 ℃ vs 5 ℃ 对比组中，转录因子家族中差异表达基因数目超过 10 个的有 18 个家族，共有 785 个差异表达基因。其中最为丰富的是 *NAC* 家族，共计 112 个转录因子差异表达显著。其次为 *ERF*、*bHLH*、*MYBQ_related*、*WRKY* 和 *bZip* 家族，分别包含 64 个、60 个、57 个、79 个和 47 个基因，且富集的差异表达基因数目接近该组差异表达基因总数的 50%。此外 *YABBY* 家族基因在 22 ℃ vs 5 ℃ 对比组中差异表达基因仅为 1 个。

在 10 ℃ vs 5 ℃ 对比组中，转录因子家族中差异表达基因数目超过 10 个的有 21 个家族，共有 943 个差异表达基因，在此对比组中差异表达基因数目最多且较丰富。其中差异表达基因家族最多的为 *NAC* 家族，共计 111 个基因。其次为 *ERF*、*bHLH*、*MYBQ_related*、*HB-other* 和 *VOZ* 家族，分别包含 67 个、65 个、63 个、63 个和 57 个基因，且富集的差异表达基因数目接近该组差异表达基因总数的 50%。此外，*NF-YA*、*MIKC*、*YABBY* 家族基因在 10 ℃ vs 5 ℃ 对比组中差异表达基因仅为 1 个。

在 22 ℃ vs 10 ℃对比组中，转录因子家族中差异表达基因数目超过 3 个的有 16 个家族，共有 102 个差异表达基因，在此对比组中差异表达基因数目及转录因子种类较少。其中差异表达基因家族最多的为 *MYB-related* 家族，共计 11 个基因。其次为 *NAC*、*HSF*、*bHLH*、*TCP* 和 *ERF* 家族，分别包含 10 个、9 个、6 个、6 个和 5 个基因，且富集的差异表达基因数目接近该组差异表达基因总数的 50%。

在低温处理与对照处理相比，22 ℃ vs 5 ℃中转录因子种类更为丰富，且编码基因数量也最多，因此挑选 22 ℃ vs 5 ℃对比组进行后续分析。如表 2-7 所示，在 22 ℃ vs 5 ℃对比组中差异表达基因与总家族基因数目相比来看，*NAC*、*FAR*、*ARR-B* 和 *TAP* 基因占比最多，分别为 84%、80%、78% 和 77%，但除 *NAC* 家族外，其他转录因子家族基因总数也较少。上调基因共计 564 个，下调基因共计 360 个，其中上调基因所占比例高达 72%。在上调基因中差异表达基因超过 20 个的转录因子家族有 *ERF*、*NAC*、*WRKY*、*bHLH*、*MYBQ_related*、*bZIP* 和 *C2H2*，数目分别为 58 个、47 个、42 个、38 个、34 个、31 个、28 个。在 ERF 家族中上调基因占总差异表达基因比例高达 90%，且上调基因 $Log_2FC \geq 5$ 的基因数目也有 23 个，其中 *GRMZM2G000520* 和 *GRMZM2G021369* 的表达倍数最大，分别为 9.2 倍和 9 倍；在 *NAC* 家族中，上调基因 $Log_2FC \geq 5$ 的基因有 8 个，其中 *GRMZM2G006212* 基因表达倍数最大，为 8.6 倍；在 *WRKY* 家族中上调基因占总差异表达基因比例高达 85%，且上调基因 $Log_2FC \geq 5$ 的基因有 9 个，其中表达倍数最高的基因为 *GRMZM2G059562*，倍数为 7.5 倍；在 *bHLH* 家族中上调基因占总差异表达基因比例为 63%，其中 $Log_2FC \geq 5$ 的基因有 8 个，其中 *GRMZM2G094892* 表达倍数最高 (7.8)。同时在 *VOZ*、*Dof*、*M-type*、*MIKC*、*EIL*、*RAV* 和 *YABBY* 转录因子家族中都是上调表达基因。在下调基因中差异表达基因超过 20 个的转录因子家族有 *NAC*、*MYBQ_related* 和 *bHLH*，数目分别为 65 个、23 个和 22 个。此外，在 *NF-YB* 和 *NF-YA* 转录因子家族中都是下调表达基因。在 *NAC* 家族中下调基因占比 58%，其中 $Log_2FC \leq -5$ 的有 3 个基因，分别为 *GRMZM2G073460*、*GRMZM2G163251* 和 *GRMZM2G108565*。在上调基因与下调基因中均包含有 *NAC*、*HB-other*、*bHLH* 和 *MYB* 转录因子家族。这些转录因子家族基因均与低温胁迫响应密切相关。

表 2-7　22 ℃ vs 5 ℃对比组中差异表达转录因子家族及编码基因数量

编号	类别	数目	家族基因总数	百分比（%）	上调	下调
1	*NAC*	112	133	84	47	65

（续表）

编号	类别	数目	家族基因总数	百分比（%）	上调	下调
2	*ERF*	64	185	35	58	6
3	*bHLH*	60	202	30	38	22
4	*VOZ*	1	6	17	1	0
5	*MYBQ_related*	57	137	42	34	23
6	*HB-other*	2	25	8	1	1
7	*WRKY*	49	124	40	42	7
8	*bZIP*	47	129	36	31	16
9	*C2H2*	45	137	33	28	17
10	*ZF-HD*	4	21	19	1	3
11	*TCP*	34	44	77	19	15
12	*MYB*	29	168	17	17	12
13	*Trihelix*	27	47	57	12	15
14	*ARF*	24	37	65	16	8
15	*GRAS*	23	86	27	18	5
16	*C3H*	23	57	40	16	7
17	*HD-ZIP*	20	60	33	11	9
18	*G2-like*	13	64	20	6	7
19	*FAR1*	12	15	80	4	8
20	*Dof*	11	54	20	11	0
21	*HSF*	10	27	37	9	1
22	*GATA*	9	38	24	6	3
23	*CO-like*	8	17	47	5	3
24	*E2F/DP*	8	19	42	5	3
25	*SBP*	8	31	26	5	3
26	*LBD*	8	44	18	6	2
27	*B3*	8	49	16	2	6
28	*ARR-B*	7	9	78	5	2

（续表）

编号	类别	数目	家族基因总数	百分比（%）	上调	下调
29	*GRF*	7	15	47	4	3
30	*BES1*	5	11	45	3	2
31	*GeBP*	5	22	23	2	3
32	*NF-YC*	5	17	29	4	1
33	*LSD*	4	6	67	1	3
34	*M-type*	4	39	10	4	0
35	*Nin-like*	4	17	24	1	3
36	*NF-YA*	4	16	25	0	4
37	*DBB*	3	14	21	2	1
38	*EIL*	3	9	33	3	0
39	*TALE*	3	30	10	2	1
40	*WOX*	3	20	15	2	1
41	*AP2*	3	30	10	1	2
42	*CPP*	2	13	15	1	1
43	*MIKC*	2	43	5	2	0
44	*RAV*	2	3	67	2	0
45	*NF-YB*	2	19	11	0	2
46	*YABBY*	1	13	8	1	0

2.2.10 玉米冷响应基因功能注释分析

低温处理与对照处理相比，22 ℃ vs 5 ℃ 中冷响应基因更为丰富，且编码基因数量也最多，因此挑选 22 ℃ vs 5 ℃ 对比组进行后续分析。本研究将 22 ℃ vs 5 ℃ 对比组与以往文献中冷响应基因做 Blast 筛选出冷响应功能注释基因，共计 509 个差异表达基因。如表 2-8 所示，差异表达基因被分到 15 个功能分类中，上调差异表达基因为 420 个，下调差异表达基因为 89 个，上调基因数目高于下调基因数目 66%。在总差异表达基因中，排名前 3 位的功能分类为发育、细胞防御和转录，所包含的基因数目分别为 116 个、91 个、84 个。

与发育相关的差异表达基因中，上调基因数目为 94 个，占总发育相关差异表达基因数目百分比为 81%；与细胞防御相关的差异表达基因中，上调基因数目高于下调基因数目 68%；与转录相关的差异表达基因中上调基因数目高达71 个，占总转录相关差异表达基因数目 85%。在上调差异表达基因和下调差异表达基因中，所含基因数目前 3 位的均是发育、细胞防御、转录。在上调差异表达基因中，信号转导功能中的差异表达基因上调数目百分比最高（89%），基因数目为 51 个。此外，在储藏蛋白分类中不包含上调基因，而在与环境交互作用基因组内则不包含下调基因。

表 2-8　冷响应基因功能分类统计

功能	上调基因个数	百分比（%）	上调基因个数	百分比（%）	总计
新陈代谢	8	67	4	33	12
能量	2	67	1	33	3
储藏蛋白	0	0	1	100	1
细胞周期	2	50	2	50	4
转录	71	85	13	15	84
细胞运输	6	75	2	25	8
细胞传递	4	80	1	20	5
信号转导	51	89	6	11	57
细胞防御	76	84	15	16	91
与环境交互	10	100	0	0	10
转录因子	52	83	11	17	63
细胞结局	3	60	2	40	5
发育	94	81	22	19	116
细胞生物起源	28	80	7	20	35
亚细胞定位	13	87	2	13	15
总计	420	83	89	17	509

2.2.11　玉米冷调节信号基因分析

本研究将 22 ℃ vs 5 ℃ 对比组与以往文献中冷信号调节基因做 Blast 筛选出

冷调节信号注释基因，共计 184 个差异表达基因。如表 2-9 所示，差异表达基因被分到 9 个组中，上调差异表达基因为 113 个，下调差异表达基因为 71 个，上调基因数目高于下调基因数目 34%。在总差异表达基因中，排名前 3 位的冷调节信号基因分类有蛋白激酶、钙离子结合和蓝光受体，所包含的基因数目分别为 54 个、52 个和 27 个。与蛋白激酶相关的差异表达基因中，上调基因数目为 28 个，占总蛋白激酶相关差异表达基因数目百分比为 52%，其中 $Log_2FC \geq 1$ 的基因有 11 个；与钙离子结合相关的差异表达基因中，上调基因数目高于下调基因数目 34%，其中 $Log_2FC \geq 1$ 的基因有 23 个；与蓝光受体相关的差异表达基因中上调基因数目为 20 个，占总蓝光受体相关差异表达基因数目 74%。在上调差异表达基因中，$Log_2FC \geq 1$ 的基因所占比例最高，共计 80 个基因，其中钙离子结合相关基因最多，组胺酸激酶则不包含上调差异表达基因；而在下调差异表达基因中，$-1 \leq Log_2FC \leq 0$ 的基因所占比例高，共计 51 个基因，其中以蛋白激酶相关基因最多，而在组氨酸激酶中仅含 1 个下调基因。

表 2-9　冷调节信号基因

名称	上调				下调				总计数目
	$Log_2FC \geq 1$		$1 \geq Log_2FC \geq 0$		$Log_2FC \leq -1$		$-1 \leq Log_2FC \leq 0$		
	数目	%	数目	%	数目	%	数目	%	
钙离子结合	23	44	9	17	8	15	12	23	52
蛋白磷酸酶	11	55	2	10	3	15	4	20	20
蛋白激酶	20	37	8	15	6	11	20	37	54
受体激酶	9	75	1	8			2	17	12
蓝光受体	8	30	12	44	2	7	5	19	27
组氨酸激酶							1	100	1
反应调控因子	2	67					1	33	3
脂信号	6	67					3	33	9
GTP-相关	1	17	1	17	1	17	3	50	6
总计	80		33		20		51		184

2.2.12　玉米冷响应激素调节基因分析

本研究依据所发表的拟南芥冷响应激素调节基因对本转录组数据中差异表达

基因进行 Blast 分析。比对结果显示，冷响应激素调节基因共计 65 个。

表 2-10 玉米冷响应激素调节基因

| 名称 | 上调 | | | | 下调 | | | | 总计数目 |
| | $Log_2FC \geqslant 1$ | | $1 \geqslant Log_2FC \geqslant 0$ | | $Log_2FC \geqslant 1$ | | $1 \geqslant Log_2FC \geqslant 0$ | | $Log_2FC \geqslant 1$ |
	数目	%	数目	%	数目	%	数目	%	数目
脱落酸	4	27	4	27	4	27	3	20	15
生长素	5	36	4	29	2	14	3	21	14
乙烯	5	42	3	25	3	25	1	8	12
油菜素内酯	6	50	1	8	3	25	2	17	12
细胞分裂素	1	50					1	50	2
赤霉素	1	25	2	50	1	25			4
水杨酸	3	50	1	17	1	17	1	17	6
总计	25		15		14		11		65

如表 2-10 所示，差异表达基因被分到 7 个组中，上调差异表达基因为 40 个，下调差异表达基因为 25 个，上调基因数目高于下调基因数目 23.1%。在总差异表达基因中，所含基因数目总数超过 10 个的激素调节基因的是脱落酸、生长素、乙烯和油菜素内酯。与脱落酸相关的差异表达基因中，上调基因数目为 8 个，其中 $Log_2FC \geqslant 1$ 的基因有 4 个；与生长素相关的差异表达基因中，上调基因数目为 9 个，其中 $Log_2FC \geqslant 1$ 的基因有 5 个；与乙烯相关的差异表达基因中上调基因数目为 7 个，占总差异表达基因数目 58%。在上调差异表达基因中，$Log_2FC \geqslant 1$ 的基因所占比例最高，共计 25 个基因，其中油菜素内酯相关差异表达基因最多，细胞分裂素相关差异表达基因仅含有 1 个；在下调差异表达基因中，$Log_2FC \leqslant 1$ 的基因所占比例高，共计 14 个基因，其中以脱落酸相关基因最多，细胞分裂素和赤霉素均仅包含 1 个下调差异表达基因。

2.2.13 相关基因 qRT-PCR 验证

为进一步验证 RNA-seq 数据的可靠性，从以上差异表达基因中随机选取 11 个基因做荧光定量 PCR 验证。这些差异表达基因的实时荧光定量 PCR 表达信息如图 2-5。其中 *GRMZM2G155357*，*GRMZM2G0625*，*GRMZM2G128971*，*GRMZM2G124335* 和 *GRMZM2G141320* 为 5 ℃下上调表达基因，*GRMZM2G170400*，*GRMZM2G428386*，*AC233887.1Q_FG006*，*GRMZM2G092588*，*GRMZM2G178892*，*GRMZM2G098667* 和 *GRMZM2G160452* 为 5 ℃下下调表达基因。同时对转录组数据与荧光定量 PCR 结果

进行相关性分析（图2-5）。由相关性分析可知转录组数据与实时荧光定量PCR结果基本符合，其 R^2 为 0.855 2，充分验证了转录组数据的可靠性。

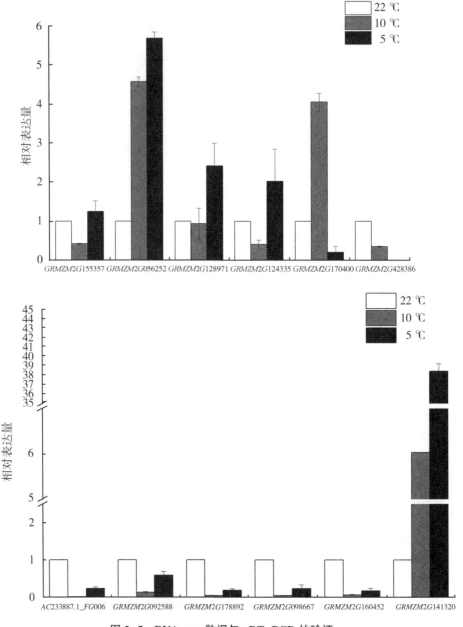

图 2-5　RNA-seq 数据与 qRT-PCR 的验证

2.3　小结

2.3.1　玉米叶片低温转录组分析

对玉米幼苗叶片低温处理后 9 个样品进行高通量测序，共获得 53.05 Gb Clean Data。在 GO、COG、KEGG 等数据库中注释的基因数目总计分别为 31 635 条、12 868 条和 7 034 条。经重复性检验及相关性热图证实该数据的重复性和可靠性。

2.3.2　玉米叶片冷响应差异表达基因功能分类及富集分析

对玉米叶片低温转录组数据以两两比对的形式对样品进行分析，选取差异基因中 2 倍以上（$Log_2FC \geqslant 2$）的为差异表达基因。共获得 10 ℃ vs 5 ℃之间差异基因 5 992 个，22 ℃ vs 5 ℃之间差异基因 5 776 个，22 ℃ vs 10 ℃之间差异基因 582 个。利用五大数据库（COG、GO、KEGG、NR 和 Swiss-Prot）对不同温度下的差异表达基因进行功能注释。

差异基因 GO 分类：将每组比较获得的差异基因 GO 分类后主要归类于 52（10 ℃ vs 5 ℃）、51（22 ℃ vs 5 ℃）、43（22 ℃ vs 10 ℃）个分组中。10 ℃ vs 5 ℃差异表达基因在生物过程类中，共注释到了 20 个小组，在分子功能中，共注释到了 16 个小组，在细胞过程类中，共注释到了 16 个小组；22 ℃ vs 5 ℃差异表达基因在生物过程类中，共注释到了 20 个小组，在分子功能中，共注释到了 15 个小组，在细胞过程类中，共注释到了 16 个小组；22 ℃ vs 10 ℃差异表达基因在生物过程类中，共注释到了 19 个小组，在分子功能中，共注释到了 12 个小组，在细胞过程类中，共注释到了 12 个小组。

差异基因 KEGG 分类：10 ℃ vs 5 ℃差异表达基因在 KEGG 途径中共注释到了 1 285 个基因，22 ℃ vs 5 ℃差异表达基因在 KEGG 途径中共注释到了 1 087 个基因，22 ℃ vs 10 ℃差异表达基因在 KEGG 途径中共注释到了 949 个基因。其中新陈代谢类别中所注释的差异表达基因最多。差异基因分别归类于 KEGG 途径的 116（10 ℃ vs 5 ℃）、113（22 ℃ vs 5 ℃）、45（22 ℃ vs 10 ℃）个代谢通路。

差异基因 COG 分类：3 个对比组中差异表达基因在 COG 数据库中所注释到最多的类别是"转录"，在 10 ℃ vs 5 ℃对比组中为 513 条，22 ℃ vs 5 ℃对比组中为 302 条，在 22 ℃与 10 ℃对比组中为 23 条。

2.3.3 玉米叶片冷响应转录因子、信号转导以及激素调节相关差异基因分析

本研究将 3 个对比组中差异表达基因与相关文献进行比对并分析得知：在 3 个对比组中共检测到 46 个转录因子家族，其中 22 ℃ vs 5 ℃ 对比组中有 785 个差异表达基因、10 ℃ vs 5 ℃ 对比组中有 943 个差异表达基因、22 ℃ vs 10 ℃ 对比组中有 102 个差异表达基因。在所检测到的差异表达基因中以 NAC 基因家族基因数目最多。

通过对 22 ℃ vs 5 ℃ 对比组进行分析可知：在转录因子相关基因分析中，上调表达基因中以 ERF、NAC、WRKY 基因家族表达倍数最高。在冷响应基因功能注释分析中，排名前 3 位的功能分类有发育、细胞防御和转录所包含的基因数目分别为 116 个、91 个、84 个。在冷信号调节基因分析中，蛋白激酶、钙离子结合所含差异表达基因数目最多。在冷响应激素调节基因分析中，脱落酸相关差异表达基因数目最多，油菜素内酯相关差异表达基因中上调倍数最大。

2.4 讨论

转录组测序是目前研究胁迫条件下大规模基因表达的高效手段。本研究通过高通量转录组（RNA-seq）对 3 个温度下玉米叶片的转录组进行测序，获得的结果中可以看到每组间重复性较好，同时获取的数据比较广泛，为我们进一步的研究提供了良好的基础。通常情况下 CG 比可以反映测序数据分布的独立性和均匀性[132]。GC 比含量相似则基因表达量的准确度较高，从测序结果可以看出，本研究中的 GC 比含量中等，均在 56% 左右，使得转录组测序及数据处理得以顺利进行。

基于玉米全基因测序已经完成，为我们对不同温度下玉米叶片转录组分析提供便利。但是，玉米中对于相关基因的功能及其参与的途径信息较少，大多数基因并没有进行深入的研究，主要参考拟南芥等已知基因信息，在 NCBI 和玉米数据库中预测蛋白功能。本研究将不同温度下玉米叶片中的 DEGs 数据与已知的五大数据库进行比对，根据"基因结构相似，功能同源"的原理[133]，将 DEGs 中大多数基因注释到五大数据库中。另外有一部分基因没有得到注释，这可能是一些特有的新基因，在玉米中还没有得到研究，也有可能因为数据库中现有的基因资源有限，无法比对。比对结果显示，DEG 结果显示，许多基因参与了低温胁迫下反应，同时，差异表达基因 Log_2FC 在 ≥1 或 ≤−1 中，覆盖了许多生物通路，包括环境反应、信号转导、激素代谢和转录调节。这也表明这些途径通常参

与植物幼苗响应非生物胁迫，并且不同途径中也有着复杂的相互作用。此外，许多胁迫响应的关键基因有着明显的上调或下调作用，这也表明了这些基因参与着某些途径。其中一些基因可以被用于培育新品种。

在基因的表达调控过程中，转录因子是典型的调节因子。一些基因的表达很大程度上是受到特殊转录因子的影响[134,135]。在非生物胁迫下，植物响应非生物胁迫是转录因子和特定的启动子共同协作完成的[136]。有研究表明，在胁迫下，*DREB* 和 *bZIP* 转录因子分别会识别包含干旱响应元件 *DRE* 和脱落酸响应元件（*ABRE*）的相关基因[137]。其中有一些转录因子的作用机制已经很明确。例如，在过表达 *bZIP*、*APETELA*（*AP2*）/*ERF*、*NAC*、*MYB*、*bHLH*（*MYC*）等转录因子样品中，可知转录因子对植物干旱适应及其他非生物胁迫适应都起重要作用[138,139]。*NAC* 基因家族蛋白是植物特异性转录因子，具有保守 DNA - binding*NAC* 结构域，位于 N-端和可变 C-端[140]。在水稻和拟南芥中分别包含有 140 个和 75 个 *NAC* 基因[141]，在这些基因中仅有少数表现出明显特征，而其他大部分基因也都参与了植物的生长发育和激素信号转导[142]。在本研究中，22 ℃ vs 5 ℃ 对比组中 NAC 基因家族成员共计 12 个，但上调基因较少。在以往研究中表明，拟南芥和水稻中过表达 *NAC* 基因家族基因可以明显适应非生物胁迫[143]，但有些 *NAC* 基因家族的过表达并没有响应非生物胁迫[144]。在本研究中 ERF 基因家族成员在个对比组中均较多，同时 *ERF* 基因家族中上调基因占总差异表达基因的比例搞到 90%。通过对水稻中 *DREB* 基因进行过表达时发现，*OsDREB1A* 过表达植株可以提高对干旱的忍受力，同时对盐和低温也有明显的表现[145]。在低温下同样诱导 *ERF* 家族[146]，这些诱导的基因大部分来自 *APETALA* 亚家族和 *DREB* 亚家族中的 *ZmEREB*56 和 *ZmEREB*115[147]，同时 *CBF2/DREB*1C 基因在低温下也迅速升高[148]。以上 3 个转录因子均是 *CBF/DREB* 路径中的组成基因，均参与了拟南芥响应低温的反应。在玉米中 *DREB* 也同样是参与低温响应[148]。在本研究中，*bHLH* 转录因子家族在低温下也有明显上调，其中上调基因占总差异表达基因比例为 63%，共有 38 个基因为上调差异表达基因。在以往研究中也发现 *bHLH* 是与低温胁迫密切相关的，其中 ICE1 可特异性结合 *CBF* 启动子碱基序列来调节 *CBF* 表达，*CBF* 转录因子进而通过调节下游与耐受低温胁迫相关基因表达来提高植物的抗低温胁迫的能力[149]。

3 低温胁迫下玉米光合生理响应及基因表达研究

3.1 材料与方法

3.1.1 供试材料

玉米骨干自交系合 344，由黑龙江八一农垦大学提供。

3.1.2 处理方法

挑选饱满一致的玉米种子，利用 1% 次氯酸钠进行消毒 30 min 后，用自来水冲洗数次至无味，最后用蒸馏水冲洗 3 次。将玉米种子播在基质中［蛭石：土 = 1：1（$V:V$）］，在智能人工气候室（22 ℃，16 h 光/8 h 暗）中生长。随后，将生长至二叶一心的玉米幼苗分别置于 5 ℃、10 ℃和 22 ℃（对照）条件下处理，在处理后的 12 h、24 h、72 h 和 168 h 分别进行取样。每种样品取样 3 次重复，且每种样品取样均为玉米叶片同一部位。用锡纸取样后立即放入液氮中，并存放于 -80 ℃冰箱中进行冷冻保存。

3.1.3 超氧化物歧化酶（SOD）活性测定

取低温处理的各玉米叶片，测定玉米叶片内的 SOD 活性，测定步骤参考李玲[150]等测定方法，步骤如下：

取 0.5 g 玉米叶片于预冷的研钵中，加 5 mL 酶提取缓冲液（磷酸缓冲溶液 pH 值 = 7.8），在冰浴上研磨成匀浆。在 10 000 r/min，离心 10 min，上清液即为待测酶提取液，每个样品 3 个生物学重复。取 3 支作为对照试管（玻璃），向对照试管和待测样品试管中分别加入 0.05 mol/L 的磷酸缓冲溶液 1.5 mL，及其他混合液，终体积为 3 mL。混匀后将 1 支对照管置于暗处，其他试管置于 4 000 lx 日光下反应 15~20 min，反应温度为 25~35 ℃。反应结束后，将暗处的对照试管作为空白，分别测定其他试管在波长为 560 nm 下的吸光值，并计算活性，最终以 U/（g·FW）表示。

3.1.4　过氧化物酶（POD）活性测定

取低温处理的玉米叶片，测定玉米叶片内的 POD 活性，测定步骤参考王学奎[151]等方法，步骤如下。

取 0.5 g 玉米叶片于预冷的研钵中，加 5 mL 酶提取缓冲液（磷酸缓冲溶液 pH 值＝7.8），在冰浴上研磨成匀浆。在 10 000 r/min，离心 10 min，上清液即为待测酶提取液，每个样品 3 个生物学重复。将对照管与待测管中加入 3 mL 混合液，此外向对照管中加入 1 mL 磷酸缓冲溶液 1 mL；向待测管中加入已提取酶液 1 mL。预设测定波长为 470 nm，以每分钟 OD 变化值表示酶活性的大小，最终以 △OD/min·mg 蛋白质表示。

3.1.5　丙二醛（MDA）含量的测定

取低温处理的玉米叶片，测定玉米叶片内的 MDA 含量，测定方法参考刘萍[152]等方法，步骤如下。

取 0.5 g 玉米叶片于预冷的研钵中，加 5 mL 酶提取缓冲液（10%三氯乙酸，TCA），在冰浴上研磨成匀浆。在 10 000 r/min，离心 10 min，上清液即为待测酶提取液，每个样品 3 个生物学重复。向干净试管内加入 0.6%硫代巴比妥酸 2 mL；分别向对照管与待测管中加入 2 mL 蒸馏水和 2 mL 上清酶液。混合后经 100 ℃水浴 15 min；迅速冷却后 4 000 r/min，离心 10 min。将上清液分别在波长为 450 nm、532 nm、600 nm 处测定 OD 值，并计算 MDA 含量。

3.1.6　叶绿素荧光参数（F_v/F_m）的测定

取低温处理的玉米叶片，测定玉米叶片 F_v/F_m 活性，测定步骤如下：分别在各处理玉米叶片相同位置用暗室夹将叶片夹住，约 20 min 后进行测定。

3.1.7　光合特性相关指标测定

在低温处理后 24 h、48 h、72 h、96 h 和 120 h 时，利用 Li-6400XTR 光合仪（美国 Li-COR 公司）进行相关指标测定，测定项目有：净光合速率（P_n）、蒸腾速率（T_r）、气孔导度（G_s）和胞间二氧化碳浓度（C_i）。测定时光强设定为 800 μmol/（m²·s），叶室 CO_2 浓度为 400 μL/L，测定时室温为（25±2）℃。

3.1.8 叶绿素含量测定

取低温处理的玉米叶片,测定玉米叶片内的叶绿素含量,测定步骤如下[152]。

取新鲜叶片,称取 0.5 g 于研钵内,向研钵中加入丙酮 10 mL,研磨成匀浆后进行离心,离心后取上清液用 80% 丙酮定容至 20 mL。取上述色素溶液 1 mL,同时以 80% 丙酮当对照,分别测定 663 nm、645 nm 和 470 nm 的 OD 值,最终计算含量。

3.1.9 统计分析

采用 Origin 9 进行图表绘制,SPSS 21 软件进行统计分析。

3.2 结果与分析

3.2.1 低温对玉米叶片叶绿素合成及降解相关基因表达影响

叶绿素是植物体内参与光合作用的重要色素[153]。低温直接影响叶绿素生物合成,会导致相关基因不同程度的增加会降低。在本研究中,通过查找 RNA-seq 数据,检测到叶绿素合成及降解相关基因表达情况如表 3-1 所示,在低温条件下,叶绿素合成相关基因为编号 1-6,降解相关基因为编号 7-13。在叶绿素合成相关基因中,仅有谷氨酰-tRNA 还原酶基因为上调表达,且表达量较低,其他合成相关基因则均呈现下调表达,其中尿卟啉原 III 脱羧酶和尿卟啉原 III 合成酶表达量最低,Log$_2$FC 分别为 -1.64 和 -1.58。在叶绿素降解基因中仅有一个 Mg-螯合酶 I 亚基基因为下调表达,且表达量较低。除叶绿素酸酯加氧酶 a 外,其他基因是合成叶绿素 a 的关键基因,其中 Mg-螯合酶 I 亚基基因表达量最高,是对照的 2.62 倍。叶绿素降解相关基因叶绿素酸酯加氧酶 a[154] 是合成叶绿素 b 的关键基因,均是叶绿素降解途径中的前期基因,其表达量的增加可能与低温下叶绿素迅速降解相关。

表 3-1 22 ℃ vs 5 ℃ 下叶绿素合成相关基因

编号	名称	玉米 ID	功能	表达倍数 (22 ℃ vs 5 ℃)	拟南芥 ID
1	*HEMA1*	GRMZM2G177412	谷氨酰-tRNA 还原酶	0.73	AT1G58290

（续表）

编号	名称	玉米 ID	功能	表达倍数 （22 ℃ vs 5 ℃）	拟南芥 ID
2	HEMD1	GRMZM2G093197	尿卟啉原Ⅲ合成酶	−1.58	AT2G26540
3	HEMD2	AC209626. 2Q_FG013	尿卟啉原Ⅲ合成酶	−1.54	AT2G26540
4	HEME1	GRMZM2G025031	尿卟啉原Ⅲ脱羧酶	−1.64	AT3G14930
5	HEMF2	GRMZM5G870342	粪卟啉原Ⅲ氧化酶	−1.63	AT4G03205
6	HEMG2	GRMZM2G364901	原卟啉原氧化酶	−1.55	AT5G14220
7	CHLI1	GRMZM2G419806	Mg-螯合酶Ⅰ亚基	−0.25	AT5G45930
8	CHLI2	MaizeQ_newGeneQ_2570	Mg-螯合酶Ⅰ亚基	2.62	AT5G45930
9	CHLD	GRMZM2G043453	Mg-螯合酶 D 亚基	0.58	AT1G08520
10	CHLM	GRMZM2G161673	Mg-原卟啉Ⅸ甲基转移酶	0.10	AT4G25080
11	PORA1	GRMZM2G084958	原叶绿素酸酯氧化还原酶	0.18	AT5G54190
12	CAO（CHL）1	GRMZM2G171390	叶绿素酸酯 a 加氧酶	1.06	AT1G44446
13	CAO（CHL）2	GRMZM2G038487	叶绿素酸酯 a 加氧酶	1.43	AT1G44446

3.2.2 低温对玉米叶片叶绿素及叶绿素荧光参数（F_v/F_m）的影响

叶绿素荧光参数可以反映光合机构内部的调节过程，如图 3-1a 所示，随着处理时间的延长，玉米叶片 F_v/F_m 在对照（22 ℃）条件下，玉米叶片 F_v/F_m 呈上升趋势；低温处理 F_v/F_m 则呈现下降趋势。5 ℃处理的玉米叶片下降幅度与速度明显高于 10 ℃处理，5 ℃处理的玉米叶片则在 72 h 时下降幅度最大，并在 168 h 时为最低，F_v/F_m 为 0.68。10 ℃下在 168 h 是下降幅度最大，此时 F_v/F_m 为 0.71。这表明 PSⅡ的光化学活性对低温高度敏感。

如图 3-1b 可以看出，在低温下，随着时间的延长，玉米叶绿素含量呈先降低后升高的趋势。在 22 ℃（对照）温度下，则无明显变化，72 h 时为 0.22 μg/mL。在 12 h 时对照处理与低温处理叶绿素含量基本保持一致，含量均在 0.22 μg/mL 左右。5 ℃下的玉米叶绿素变化幅度较 10 ℃明显，在 24 h 时叶绿素含量最低，为 0.12 μg/mL。且在 10 ℃条件下，24 h 叶绿素含量为最低，0.14 μg/mL。

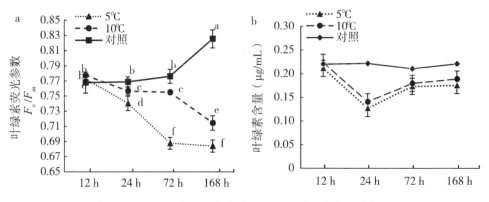

图 3-1　不同温度下玉米叶片 F_v/F_m 和叶绿素含量的变化

3.2.3　低温对玉米叶片光合特性相关基因表达影响

在低温胁迫下，光合系统受损，光合作用能力减弱[155]。本研究利用低温处理下玉米叶片 RNA-seq 数据，检测到光合作用相关基因表达情况，筛选出的部分光合作用相关基因也呈现下调表达（表 3-2）。如表 3-2 所示，在光系统 I 中检测到的 6 个基因，除 PSAH 外，其他基因均呈下调表达。拟南芥 AT5G64040 在玉米转录组差异表达基因库中筛选到两个玉米 PSAN 基因，其中一个 PSAN 下调表达量最高，为 -1.8 倍。拟南芥中 ATG12800 在玉米转录组差异表达基因库中筛选到两个玉米 PSAL 基因，两个基因表达量相似，基本在 -0.2 倍左右。此外 PSAH、PSAG 基因在玉米转录组差异表达基因库中检测到。在光系统 II 中检测到的 7 个基因，拟南芥 AT2G20890 在玉米转录组数据库中搜索到 PSB29 基因两条，其中 PSB29-1 为差异表达基因中高表达的基因，表达倍数为 -2.01 倍。拟南芥中 AT1G67740 在玉米数据库中搜索到 PSBY 基因两条，两个基因均下调表达。拟南芥中 AT1G06680 在玉米转录组数据库中检测到两条 PSBP 基因，其中一条 PSBP 基因呈上调表达。同时检测到一条 PSBO 基因，且呈下调表达。在光合电子传递链中检测到两个 PECT 基因，且均呈上调表达。

表 3-2　光合相关基因在低温下表达情况

编号	名称	玉米 ID	表达倍数 （22 ℃ vs 5 ℃）	拟南芥 ID
1	PSAN-1	GRMZM2G009048	-1.80	AT5G64040
2	PSAN-2	GRMZM2G080107	-0.53	AT5G64040

（续表）

编号	名称	玉米 ID	表达倍数 （22 ℃ vs 5 ℃）	拟南芥 ID
3	*PSAH*	GRMZM2G451224	0.25	AT3G16140
4	*PSAL-1*	GRMZM2G026015	-0.20	AT4G12800
5	*PSAL-2*	GRMZM2G094224	-0.21	AT4G12800
6	*PSAG*	GRMZM2G329047	-0.74	AT1G55670
7	*PSB29-1*	GRMZM6G508461	-2.01	AT2G20890
8	*PSB29-2*	GRMZM2G033493	-1.69	AT2G20890
9	*PSBO*	GRMZM2G175562	-1.13	AT3G50820
10	*PSBY-1*	GRMZM2G134130	-0.96	AT1G67740
11	*PSBY-2*	GRMZM2G308944	-0.67	AT1G67740
12	*PSBP-1*	GRMZM2G016677	-0.13	AT1G06680
13	*PSBP-2*	GRMZM2G047954	1.19	AT1G06680
14	*PETC-1*	GRMZM2G038365	0.61	AT4G03280
15	*PETC-2*	GRMZM2G162748	1.27	AT4G03280

3.2.4 低温对玉米叶片光合特性的影响

利用 Li-6400XTR 光合仪对低温下玉米叶片光合特性参数进行测定光合速率的变化如图所示（图 3-2），随着处理时间的延长，在常温下叶片的净光合速率逐渐升高，并在 120 h 时达到最高，为 6.11 $\mu mol/(m^2 \cdot s)$。在低温下叶片的净光合速率呈逐渐下降大趋势。其中，48 h 叶片的净光合速率最大，96 h 叶片的净光合速率最低，为 0.37 $\mu mol/(m^2 \cdot s)$。蒸腾速率的变化如图 3-2 所示，随着处理时间的延长，在常温下玉米叶片的蒸腾速率逐渐升高，并在 120 h 达到最高，为 0.58 $\mu mol/(m^2 \cdot s)$。低温处理的玉米幼苗，蒸腾速率变化幅度不大，保持较低水平。在气孔导度的测定值可以看到，气孔导度的变化也是如此，在常温下变化幅度较大，且呈增加趋势，而低温下气孔导度变化幅度不大，且呈较低水平。胞间二氧化碳浓度的测定结果与其他 3 个有明显差异，在 24 h 时对照与低温处理之间的胞间二氧化碳浓度相似，其浓度分别为 143 $\mu mol/mol$ 和 146 $\mu mol/mol$，但随着处理时间的延长，22 ℃下的胞间二氧化碳浓度变化不明显，但 5 ℃条件下的胞间二氧化碳浓度则逐渐升高，同时在 96 h 达到最高，其浓度为 416 μmol/mol。

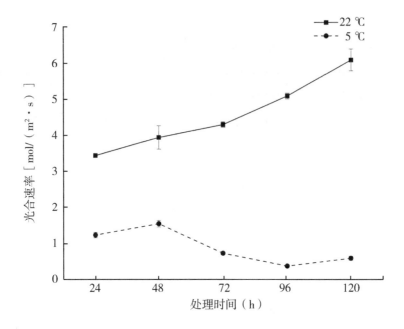

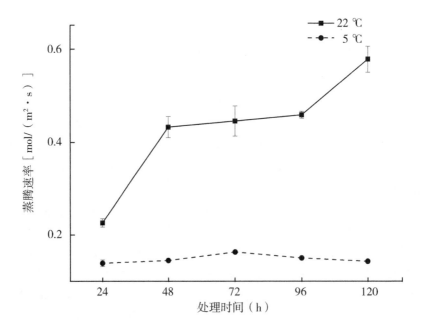

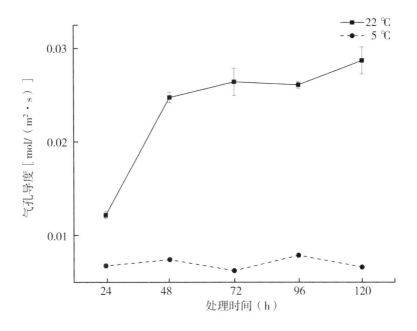

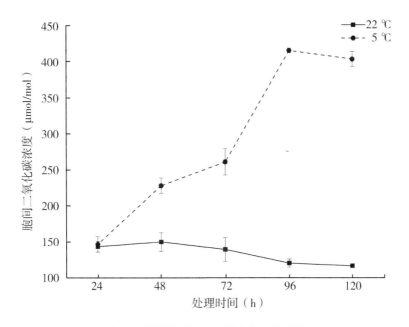

图 3-2 不同温度对玉米光合参数的影响

3.2.5 低温下玉米叶片抗氧化酶相关基因的表达

一般情况下，细胞体内活性氧的产生与清除是保持动态平衡的状态[156]，但是在低温情况下细胞体内的活性氧的动态平衡会被打破。本研究在转录组数据中筛选出与 ROS 清除机制相关的基因。如表 3-3 所示，SOD 相关基因共计 10 个，包括铁 SOD（FSD）基因 3 个、铜锌 SOD（CSD）基因 6 个，锰 SOD（MSD）基因 1 个。在 FSD 中，有两个基因呈下调表达，其中 SOD1 表达量最低，为-2.47 倍。在 CSD 基因中，仅有 1 个 CSD 基因呈下调表达，且表达量较低；其他 CSD 基因则均上调表达，其中 SOD9 和 SOD10 表达量最大，表达量分别为 1.13 倍和 1.35 倍。检测到的 SOD 相关基因中仅有一个是 MSD，其表达量也较低，为 0.11 倍。

如表 3-4 所示，在本转录组数据中检测到 POD 相关基因共计 44 个。其中，19 个基因呈下调表达，25 个基因呈上调表达。在下调表达基因中 Log_2FC 小于等于 1 的基因有 14 个，呈较低水平表达，下调明显。下调基因中 POD1 基因表达倍数最低，为-4.36 倍。在上调表达基因中 $Log_2FC \geq 1$ 的基因有 17 个，且大多数基因呈高水平表达。$Log_2FC \geq 5$ 的基因超过 6 个，其中 POD44 基因表达量为 7.88 倍。

表 3-3　SOD 相关基因在各温度下表达情况

编号	名称	玉米 ID	功能	表达倍数（22 ℃ vs 5 ℃）	拟南芥 ID
1	SOD1	GRMZM2G173628	FSD3	-2.47	AT5G23310
2	SOD2	GRMZM2G081585	FSD3	-0.99	AT5G23310
3	SOD3	GRMZM2G106928	CSD2	-0.62	AT2G28190
4	SOD4	GRMZM2G059991	MSD1	0.11	AT3G10920
5	SOD5	GRMZM2G025992	CSD1	0.26	AT1G08830
6	SOD6	GRMZM5G891739	CSD3	0.38	AT5G18100
7	SOD7	GRMZM2G042080	FSD	0.59	AT5G51100
8	SOD8	GRMZM2G058522	CSD1	0.81	AT1G08830
9	SOD9	GRMZM2G175728	CSD	1.13	AT1G12520
10	SOD10	GRMZM2G169890	CSD1	1.35	AT1G08830

表 3-4　POD 相关基因在各温度下表达情况

编号	名称	玉米 ID	表达倍数（22 ℃ vs 5 ℃）	拟南芥 ID
1	POD1	GRMZM2G130904	-4.36	AT1G44970

（续表）

编号	名称	玉米 ID	表达倍数（22 ℃ vs 5 ℃）	拟南芥 ID
2	POD2	GRMZM2G313184	−3.85	AT4G33420
3	POD3	GRMZM2G135108	−3.13	AT4G11290
4	POD4	GRMZM2G394500	−3.13	AT4G33420
5	POD5	GRMZM2G408963	−3.11	AT5G47000
6	POD6	GRMZM2G070603	−2.74	AT3G01190
7	POD7	GRMZM2G116902	−2.39	AT5G19890
8	POD8	GRMZM2G320269	−2.10	AT5G15180
9	POD9	GRMZM2G104394	−1.97	AT3G21770
10	POD10	GRMZM2G341934	−1.88	AT5G05340
11	POD11	GRMZM2G061088	−1.87	AT1G44970
12	POD12	GRMZM2G108153	−1.31	AT1G71695
13	POD13	GRMZM2G062390	−1.24	AT2G24800
14	POD14	GRMZM2G085198	−1.23	AT5G51890
15	POD15	GRMZM2G136158	−0.90	AT2G39040
16	POD16	GRMZM2G080183	−0.87	AT4G37520
17	POD17	GRMZM2G014397	−0.82	AT1G77490
18	POD18	GRMZM2G108123	−0.52	AT1G71695
19	POD19	GRMZM2G133434	−0.49	AT4G30170
20	POD20	GRMZM2G126261	0.15	AT5G05340
21	POD21	GRMZM2G136534	0.22	AT4G37520
22	POD22	GRMZM2G085967	0.35	AT3G21770
23	POD23	GRMZM2G006791	0.36	AT1G77490
24	POD24	GRMZM2G149273	0.43	AT4G16270
25	POD25	GRMZM2G176085	0.74	AT3G28200
26	POD26	GRMZM2G081160	0.77	AT1G77490
27	POD27	GRMZM5G843748	1.06	AT2G22420
28	POD28	GRMZM2G405581	1.57	AT5G05340
29	POD29	GRMZM2G471357	1.60	AT5G05340
30	POD30	GRMZM2G361475	1.72	AT1G71695

（续表）

编号	名称	玉米 ID	表达倍数 （22 ℃ vs 5 ℃）	拟南芥 ID
31	POD31	GRMZM2G150893	1.83	AT5G06730
32	POD32	GRMZM2G012263	1.93	AT5G14130
33	POD33	GRMZM2G076562	2.00	AT5G17820
34	POD34	GRMZM2G144648	2.01	AT5G64120
35	POD35	GRMZM2G427815	2.99	AT5G05340
36	POD36	GRMZM2G103342	3.68	AT1G71695
37	POD37	GRMZM2G122816	3.78	AT4G26010
38	POD38	GRMZM2G023840	4.26	AT5G66390
39	POD39	GRMZM2G117706	5.57	AT4G36430
40	POD40	GRMZM6G514393	6.95	AT4G08770
41	POD41	GRMZM2G042347	7.01	AT4G36430
42	POD42	AC197758.3Q_FG004	7.40	AT5G05340
43	POD43	GRMZM2G101221	7.40	AT4G25980
44	POD44	MaizeQ_newGeneQ_2572	7.88	AT5G05340

3.2.6　低温对玉米叶片抗氧化酶活性的影响

SOD 活性与植物非生物胁迫密切相关。如图 3-3 所示，随着处理时间的延

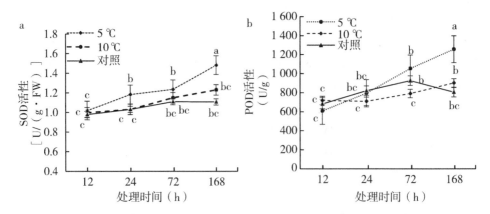

图 3-3　低温胁迫下玉米叶片 SOD 和 POD 活性的变化

长，SOD 活性呈逐渐升高的趋势，在对照处理下，SOD 活性增加的幅度较小，同时在 72 h 达到最高，其活性为 1.1 U/（g·FW）。在 10 ℃处理下，SOD 活性在 168 h 达到最高，其活性为 1.23 U/（g·FW）。在 5 ℃处理下，SOD 活性变化幅度最大，同时 7 d 时 SOD 活性达到最高，且显著高于其他时间点的 SOD 活性，其活性为 1.482 U/g FW。

如图 3-3b 所示，玉米叶片 POD 活性的变化时随着处理时间的延长，而呈现逐渐升高的趋势。在 5 ℃处理条件下，168 h 显著高于其他处理，POD 活性为 1 257 U/g。22 ℃与 10 ℃处理条件下 POD 活性变化并无显著差异。22 ℃处理条件下，POD 活性变化幅度较小，72 h 时 POD 活性为最高，926 U/g。10 ℃处理条件下，168 h 时 POD 活性为 902 U/g，达到最高。

3.2.7 低温对玉米叶片丙二醛含量的影响及 *LOX* 基因表达

LOX 酶与植物组织膜脂过氧化直接相关，LOX 酶的含量高低直接影响着丙二醛（MDA）含量的高低。在本研究的转录组数据库中，检测到 6 个 LOX 酶的基因，如图 3-4 所示，在 5 ℃下，*LOX*1 基因呈上调表达，其他基因呈下调表达。在 10 ℃处理条件下，*LOX*2、*LOX*3、*LOX*4 基因呈上调表达。*LOX*5 和 *LOX*6

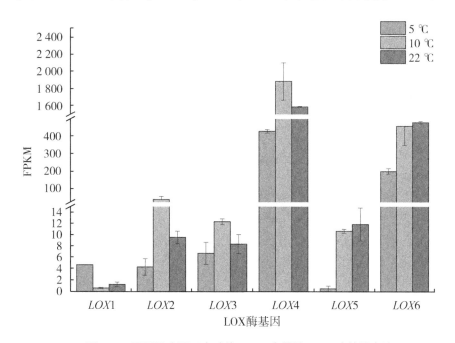

图 3-4　不同温度下玉米叶片 MDA 含量及 LOX 酶基因表达

基因均是在 22 ℃下有高表达，其中 *LOX5* 在 5 ℃下表达水平较低。

植物在低温等胁迫条件下，会发生膜脂过氧化作用。MDA 即膜脂过氧化产物之一，可以反映膜脂过氧化程度。由图 3-4 可以看出，在不同温度下 MDA 的含量变化规律均为先降低后升高在降低的趋势。同时均在 24 h 为最低，分别为 0.95、0.93 和 0.87 μmol/（g·FW），同时 72 h 为最高。其中对照温度变化幅度最小，同时 5 ℃下 MDA 含量变化较为明显，在 72 h 时显著上升，含量为 1.76 μmol/（g·FW）。

3.3 小结

3.3.1 玉米幼苗低温胁迫下叶片光合相关基因表达情况及光合特性分析

利用第二章获得的玉米幼苗低温转录组数据（22 ℃ vs 5 ℃对比组），筛选光合特性相关的基因并分析其差异表达情况。结果显示与叶绿素相关的基因中，参与叶绿素合成相关的基因多数呈显著下调表达（5 个下调，1 个上调），其中表达倍数最高的是尿卟啉原Ⅲ脱羧酶基因（*GRMZM2G025031*），Log_2FC 为-1.64 倍；而在参与叶绿素降解过程的相关基因多数呈上调表达（6 个上调，1 个下调），其中 Mg-螯合酶Ⅰ亚基基因（Maize_newGene_2570）表达量最高，Log_2FC 为 2.62 倍。对玉米幼苗低温胁迫下叶片光合参数测定结果表明，低温处理下 F_v/F_m 呈现下降趋势，5 ℃处理的玉米叶片下降幅度与速度明显高于 10 ℃处理，且 5 ℃处理的玉米叶片在 72 h 时下降幅度最大；在低温下玉米叶绿素含量降低，且 5 ℃下的玉米叶绿素降低幅度较大。低温下玉米叶片光合参数的变化趋势与相同处理条件和相同时间点相关基因表达趋势一致，揭示了低温下玉米光合参数变化的分子基础。

与光合系统相关的基因中，大多数基因为下调表达。在光系统Ⅰ中的相关基因多数呈下调表达（5 个下调，1 个上调），其中表达倍数最高的基因为 *PSAN-1* 基因（*GRMZM2G009048*），Log_2FC 为-1.8 倍。在光系统Ⅱ中的相关基因多数呈下调表达（6 个下调，1 个上调），其中 *PSB29-1* 基因表达倍数最高（*GRMZM6G508461*），Log_2FC 为-2.01 倍。在光合电子传递链中检测到的 2 个 *PECT* 基因，均呈上调表达。在通过测定光合特性相关项目表明，在低温处理后的玉米幼苗，其蒸腾速率、光合速率、气孔导度在低温下均呈下降或保持较低水平。5 ℃处理的玉米叶片 72 h 时，气孔导度达到最低，为 0.026 mol/（m²·s）；光合速率在 72 h 时呈明显下降，光合速率为 0.735 μmol/（m²·s）。在低温下，胞间二氧化碳浓度则随着处理时间的延长而呈逐渐增高趋势，并在 96 h 达到最高，为 416.356 μmol/mol。低温下玉米叶片光合系统相关基因变化趋势与测定的光合特性指标趋势大致相同，为研究低温下光合系统变化奠定了分子基础。

3.3.2　玉米幼苗低温胁迫下保护酶系统相关基因表达及酶活性分析

利用第二章获得的玉米幼苗低温转录组数据（22 ℃ vs 5 ℃ 对比组），筛选 ROS 及膜脂相关的基因并分析其差异表达情况。结果显示与 SOD 活性相关的基因中，大多数基因呈上调表达（7 个上调，3 个下调），其中 *SOD*10（CSD1：GRMZM2G169890）表达倍数最高，Log$_2$FC 为 1.35 倍。在与 POD 相关的基因中有 25 个基因呈正调表达，19 个基因呈下调表达，其中上调表达倍数最高的基因为 *POD*44（Maize_newGene_2572），Log$_2$FC 为 7.88 倍。

在测量低温下玉米叶片 SOD 及 POD 活性中可以发现，玉米叶片 SOD 及 POD 活性均随着处理时间延长而增加，且 5 ℃ 处理下的玉米幼苗 SOD 及 POD 活性明显高于 10 ℃ 处理，分别为 1.236 U/（g·FW）和 1 053.6 U/g。在低温下玉米叶片 SOD 及 POD 活性的变化趋势与相同处理条件相同时间点相关基因表达趋势一致，揭示了低温下玉米 ROS 活性变化的分子基础。

同时，膜脂过氧化基因 *LOX*1 在低温下也有明显上调，其 FPKM 值为 4.8。在 MDA 含量测定结果中同样验证了这一点，5 ℃ 下 72 h 时 MDA 含量明显高于 10 ℃ 及其他时间点 MDA 含量，其 MDA 含量为 1.76 μmol/（g·FW）。

3.4　讨论

温度是影响叶绿素生物合成及植物光合作用的重要环境因子。叶绿素荧光参数 F_v/F_m 是反映环境胁迫的一个主要指标[23]，在环境胁迫下，F_v/F_m 的变化很大，经 10 ℃ 处理后的西红柿，其 F_v/F_m 有所降低[157]。此外，通过低温处理西红柿叶片，所有株系的 F_v/F_m 也均有下降[19]。这可能是低温影响光系统反应中心和 PS Ⅱ 电子传递天线活性，从而抑制 PS Ⅱ 光反应[158]。同样地，低温会使酶促反应减慢，氧化合成和再生减慢，这也导致了对光合作用的抑制[159]。徐田军[23] 等人研究表明在低温下玉米净光合速率、气孔导度也会随着时间的延长而下降。但同时，胞间二氧化碳浓度则呈 "V" 形趋势变化。在低温胁迫下，气孔受到抑制，从而降低光合速率，这与本研究结果也相一致。本研究结果中 F_v/F_m 在低温条件下，尤其是 5 ℃ 下，降低最为显著，同时在 72 h 为最低。原因可能是叶绿体结构破损，同时造成 F_v/F_m 的降低。

在众多的非生物胁迫中，低温是影响植物最严重的非生物胁迫[148,160,161]。因此，有大量的研究表明，低温可以诱导数以百计的基因同时影响其代谢物，其中一些是已知的影响[162,163]。在一些植物种中，低温对抗氧化系统的影响取决于低温的温度和低温延续的时间。在水稻中，随着低温时间的延长，水稻中 SOD 也随之增加，但 CAT 活性无明显变化[164]。经低温处理 2~3 d 后，小麦幼苗的 POD、SOD 活性会有所提高，其原因可能是短时低温锻炼会促使一些基因的表达，同时提高玉米幼苗的抗寒能力[165]。在本研究中，对玉米幼苗进行为期 7 d 的低温处理，SOD 活性随着时间的延长而逐渐增加，同时在 72 h 时达到最高，POD 活性变化也如此。

ROS 产生抗氧化系统在多个亚细胞中，分别有叶绿体、胞脂细胞核、线粒体和过氧化物酶体。同时，将烟草放置在光照正常但低温条件下，其叶绿体 Fe-SOD 和细胞溶质内 CuZn-SOD 受到诱导[166]。在咖啡中，低温条件下也有着不同程度的诱导，其中 CuZn-SOD 和 APX 明显上调[167]。在低温处理（4 ℃，48 h）条件下，莲花的胚轴中 Mn-SOD 基因上调 8 倍[168]。在本研究中通过 RNA-seq 数据分析出 CuZn-SOD 编码基因中分别有 4 个基因上调。在 RNA-seq 数据中，GRMZM2G074743 在 5 ℃下表达量最高。

4 低温胁迫玉米叶片脂类相关代谢通路分析

4.1 材料与方法

4.1.1 供试材料

玉米骨干自交系合 344，由黑龙江八一农垦大学提供。

4.1.2 处理条件

挑选饱满一致的玉米种子，利用 1% 次氯酸钠进行消毒 30 min 后，用自来水冲洗数次至无味，最后用蒸馏水冲洗 3 次。将玉米种子播在基质中［蛭石：土 = 1：1（$V：V$）］，在智能人工气候室（22 ℃，16 h 光/8 h 暗）中生长。随后，将生长至二叶一心的玉米幼苗分别置于 5 ℃、10 ℃ 和 22 ℃（对照）条件下处理，在处理后的 72 h 进行取样。每种样品取样 3 次重复，且每种样品取样均为玉米叶片同一部位。低温处理结束后立即将玉米叶片进行脂质提取。

4.1.3 玉米叶片脂质提取与分析

将低温处理后的玉米幼苗进行脂质提取，植物总脂肪含量提取是在 Narayanan[83] 基础上修改的，具体方法如下。

取新鲜玉米叶片快速置于 3 mL 75 ℃ 含有 0.01% BHT 的异丙醇溶液中 15 min；加入 1.5 mL 氯仿和 0.6 mL 水，涡旋振荡，随后在室温下置于摇床中摇 1 h；随后将提取液置于新管中，向其中加入 4 mL 含有 0.01% BHT 的氯仿/甲醇（2：1）；振荡 30 min，重复这一萃取过程数次，直到叶片变成白色。向萃取液加入 1 mL 1mol/L KCl，涡旋振荡，离心，弃上清。再向其中加入 2 mL 水，涡旋振荡，离心，弃上清。直到分析前样品要存储于 -80 ℃ 条件下。

薄层色谱板制备，将 TLC 硅胶板置于溶液 1［氯仿：甲醇：乙酸（65：25：10）］或溶液 2［氯仿：甲醇：甲酸（65：25：10）］中平衡 1.5 h，之后晾干

30 min，重复一次。待硅胶板完全晾干后，在板的一侧边缘 2.5 cm 用铅笔画线，作为薄层色谱的起始端。每个样品之间用铅笔画上竖线。在通风橱内点样，点样量每次 5 μL，共分 3 次点样，点样完毕后用氮吹仪吹干，防止样品氧化，同时使所有点集中。完全晾干后，将硅胶板置于氯仿：丙酮（96：4）混合液中，立即将盖子盖上，直至展开液跑到离顶板约 1 cm 时，取出色谱板并过夜晾干。第二天用碘熏蒸染色并观测。

样品分析：由 Kansas Lipidomics Research Center（KLRC，USA）利用电喷雾电离质谱分析法进行脂质分子种分析。

脂肪酸双键指数（Double bond index，DBI）根据 Rawyler 等的方法计算[169]，DBI = (∑ [N×mol%脂肪酸]) /100，N 指每个脂肪酸分子的双键数，计算公式如下。

$$DBI = （0×mol\%16：0+1×mol\%16：1+0×mol\%18：0+1×mol\%18：1……）/100$$

4.1.4　玉米脂类基因筛选方法

将 2.1.4 获取到的 22 ℃ vs 5 ℃ 中全部差异表达基因（DEGs）与拟南芥脂类数据库（http：//aralip. plantbiology. msu. edu/pathways/pathways）及相关文献[170]进行 fastx 比对，最终获得玉米脂类相关基因。

4.1.5　玉米脂类基因共表达分析方法

根据差异表达基因的表达数据来计算其相关性，并将自配对和重复基因过滤掉，选择相关性为 0.9 的基因进行共表达网络构建。最终利用 Cytoscape 软件绘制共表达网络图。

4.1.6　数据处理

采用 Origin 9 进行图表绘制，SPSS 21 进行数据处理。

4.2　结果与分析

4.2.1　玉米叶片脂类相关差异基因分析

在低温胁迫下，植物体内会发生生理生化变化，而这些生理生化变化都是次生或伴生的，其中，膜脂的变化是最明显的。在本研究中，对转录组数据进行筛选，挑选出玉米脂类代谢基因进行深入分析，主要分析玉米脂类代谢基因的表达和调控。

玉米全基因组筛查脂质相关基因主要依据 KEGG 途径注释，同时包括拟南芥脂质基因数据库以及近期相关补充基因[170-172]。比对结果显示，在 22 ℃ vs

5 ℃对比组差异表达基因中，共筛选到 556 个脂类调节基因，其中 $Log_2FC \geq 2$ 的基因数目为 82 个，$Log_2FC \leq -2$ 的基因数目为 58 个；在 22 ℃ vs 10 ℃ 对比组差异表达基因中，共筛选到 523 个脂类调节基因，其中 $Log_2FC \geq 2$ 的基因数目为 10 个，$Log_2FC \leq -2$ 的基因数目为 11 个；在 10 ℃ vs 5 ℃ 对比组差异表达基因中，共筛选到 519 个脂类调节基因，其中 $Log_2FC \geq 2$ 的基因数目为 56 个，$Log_2FC \leq -2$ 的基因数目为 99 个。综上，22 ℃ vs 5 ℃ 对比组中差异表达基因最为丰富。

4.2.2　22 ℃ vs 5 ℃下脂类差异表达基因变化

本研究以 22 ℃ vs 5 ℃ 对比组为研究对象，对这一对比组中脂类差异表达基因进行分析。研究发现，22 ℃ vs 5 ℃ 对比组中差异表达基因被划分到 18 个类别中，每个类别中所占基因比例如图 4-1 所示，其中 280 个基因上调，276 个基因下调。在全部差异表达基因中，上调差异表达基因中，117 个为上调高表达基因（$Log_2FC \geq 1.5$），下调差异表达基因中，95 个为下调高表达基因（$Log_2FC \leq -1.5$），总计 212 个基因。

全部差异表达基因经 KEGG 分析后，被注释到特定通路中，每个类别参与的基因数目的百分比与代谢途径如图 4-1 所示。22 ℃ vs 5 ℃ 对比组中差异表达基因分别被注释到 18 个代谢途径中，其中以磷脂信号（Phospholipid signaling），

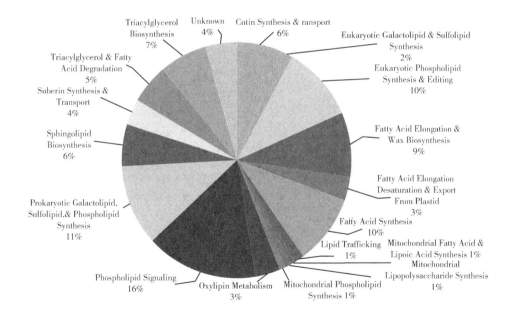

图 4-1　差异表达脂类基因分类

真核磷脂合成与编辑（Eukaryotic phospholipid synthesis & editing）以及真核半乳糖脂、硫脂和磷脂合成（Prokaryotic galactolipid, sulfolipid & phospholipid synthesis）途径中差异基因数目最为明显，注释的百分比分别为16%、11%和10%。其中线粒体磷脂合成（Mitochondrial phospholipid synthesis）、线粒体脂多糖合成（Mitochondrial lipopolysaccharide synthesis）、线粒体脂肪酸和硫辛酸合成（Mitochondrial fatty acid & lipoic acid synthesis）和脂类运输（Lipid trafficking）中所包含的差异表达基因百分比最少，均为1%。

如图4-2所示，将全部脂类差异表达基因及高表达基因分别注释到各个代谢途径中，其中粉色为上调差异表达基因，深粉色为$Log_2FC \geqslant 1.5$倍的上调表达基因，蓝色为下调差异表达基因，深蓝色为$Log_2FC \leqslant 1.5$倍的下调表达基因。纵坐标轴表示各代谢途径名称，横坐标轴（上）表示$Log_2FC \geqslant 1.5$倍5或$\leqslant -1.5$倍基因数目，横坐标轴（下）表示全部差异表达基因数目。由图可知，在脂类途径中包含差异表达基因数目前3位的途径是"磷脂信号""真核磷脂合成与编辑"和"真核半乳糖脂、硫脂和磷脂"，3个类别中$Log_2FC \geqslant 1.5$或$\leqslant -1.5$差异基因上调基因和下调基因个数分别为22个/10个、9个/6个和15个/6个。在真核甘油糖脂 & 硫脂合成（Eukaryotic galactolipid & sulfolipid synthesis）途径中差异上调基因比下调基因多1个，分别为6个和5个。在脂肪酸合成（Fatty acid synthesis）途径中的差异表达基因下调数目较上调基因数目多7个。三酰甘油合成（Triacylglycerol biosynthesis）途径中，上调差异表达基因为24个，下调差异表达基因为28个。同时，在5 ℃下也发现大量参与脂肪酸伸长的调节和蜡质生

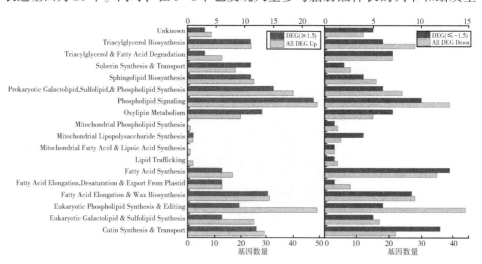

图4-2 低温下显著调节脂类基因变化数目

物合成（Fatty acid elongation & wax biosynthesis）的基因。这些结果都表明磷脂和半乳糖酯途径在低温下属于被激活。

4.2.3   相关脂类代谢作用过程中脂类差异表达基因分析

根据上文研究发现，磷脂、半乳糖脂、硫脂、甘油二酯及脂肪酸合成途径中差异表达基因数目较多且表达倍数较高，并以此为以下研究对象，分别将其合成途径中差异表达基因汇总，结果如表 4-1 所示。

通过从头合成途径合成的磷脂酰胆碱（PC）和二酰甘油（DAG），在合成途径中大多数基因呈上调状态。在内质网中从头合成三酰甘油（TAG）的途径（也叫肯尼迪途径），这一途径中三磷酸甘油会发生三步连续的酰基化反应。途径中 2 个甘油磷酸酰基转移酶（GPAT）编码肯尼迪途径第一步，这两条基因均上调，随后的溶血磷脂酰基转移酶（LPAT）基因中一个上调，一个下调。同时，二酰基甘油酰基转移酶（DGAT2）和 2 个磷脂：二酰基甘油酰基转移酶（PDAT）基因也是下调。从头合成 PC 和磷脂酰乙醇胺（PE）途径中的基因也有着明显变化，在低温下 6 个基因中 5 个差异表达基因的表达量在 $Log_2FC \geqslant 2$，包括 2 个胆碱激酶（CEK）基因（Log_2FC 分别为 2.88/2.83），1 个胆碱磷酸盐胞苷酰转移酶（CCT）基因（Log_2FC 为 4.5），这也预示在低温胁迫下，可以诱导从头合成途径中的磷脂产生。PDAT 基因利用 PC 和 DAG 产生 TAG，PDAT 的 2 个基因也都是下调的。这些结果表明，肯尼迪途径早期 DAG 生物合成步骤被激活，而最终形成 TAG 的过程受到低温抑制。此外，从头合成的 PC 也是下调，氨基乙醇磷酸转移酶（AAPT）基因经鉴定没有明显差异表达。

PA 和 DAG 为重要的脂质代谢产物和中间产物，可以在不同亚细胞中通过多种途径产生。在植物内质网/真核和质体/原核中，肯尼迪途径是通过逐步酰化三磷酸甘油（G-3-P），从头合成 PA 和 DAG，同时也是由不同的酶来产生不同的 PA 和 DAG 库。如上所述，在低温条件下，肯尼迪途径前期步骤中，包括生成 PA 和 DAG 的一些基因中，通过 PA 产生 DAG 的基因在内质网中为 PAH（磷脂磷酸水解酶），在叶绿体中为磷脂酸磷酸酶（PAP），两者均有较大程度上调，分别为 3.08 和 6.24。同时磷脂磷酸水解酶（LPPs）的 5 个同源基因也都在低温下呈上调。在通过 PC 和 PE 水解生成 PA 和 DAG 的途径包括磷脂酶 D（PLD）和非特异化磷脂酶 C（Non-specific Phospholipase C，NPC），其中，6 个 PLD 基因中有 5 个为上调，4 个为 PLDα，1 个为 PLDβ2；3 个 NPC 则均下调，这表明了在低温下主要通过水解 PC 去产生 DAG。3 个 DGK 基因转录水平也均有升高，也表明了 DAG 到 PA 这一步受低温诱导。

表 4-1 在低温下 RNA-seq 中玉米叶片相关脂类显著表达基因

编号	名称	玉米 ID	推测功能	变化倍数 (22 ℃ vs 5 ℃)	拟南芥 ID
Phospholipid Pathway/DAG synthsis/ PC turnover TAG/ PC de novo synthesis					
1	GPAT7	GRMZM2G059637	Glycerol-3-Phosphate Acyltransferase 7	+3.16	At5G06090
2	GPAT7	GRMZM2G169293	Glycerol-3-Phosphate Acyltransferase 7	+2.37	At5G06090
3	LPAT2	GRMZM2G037104	Lysophosphatidyl Acyltransferase2	-2.28	At3G57650
4	LPAT5	GRMZM2G135027	Lysophosphatidyl Acyltransferase 5	+2.27	At3G18850
5	DGAT2	GRMZM2G042356	Diacylglycerol Acyltransferase	-3.04	At3G51520
6	PDAT1	GRMZM2G088291	Phospholipid: Diacylglycerol Acyltransferase	-2.33	At5G13640
7	PDAT1	GRMZM2G095763	Phospholipid: Diacylglycerol Acyltransferase	-1.49	At5G13640
8	CEK4	GRMZM2G469409	Choline/Ethanolamine Kinase (P)	+2.88	At2G26830
9	CEK4	GRMZM2G100333	Choline/Ethanolamine	+2.83	At2G26830
10	CCT2	GRMZM2G132898	CTP: Phosphocholine Cytidyltransferase €	+4.50	At4G15130
11	AAPT1	GRMZM2G701058	CDP-Choline: Diacylglycerol Phosphocholinetransferase €	-0.12	At1G13560
PC Turnover & DAG Formation					
12	PLA2a	GRMZM5G865811	Phospholipase A	-2.56	At2G26560
13	PLA2a	GRMZM2G349749	Phospholipase A	+2.31	At2G26560

（续表）

编号	名称	玉米 ID	推测功能	变化倍数（22 ℃ vs 5 ℃）	拟南芥 ID
14	PLA2b	GRMZM2G045294	Phospholipase A	-2.91	At2G19690
15	LPEAT2	GRMZM2G116243	Lysophosphatidyl Choline Acyltransferase（E）	+2.50	At2G45670
16	PLDα	GRMZM2G054559	Phospholipase D	+3.31	At3G15730
17	PLDα	GRMZM2G061969	Phospholipase D	+1.03	At3G15730
18	PLDα	GRMZM2G019029	Phospholipase D	+1.67	At3G15730
19	PLDα	GRMZM2G179792	Phospholipase D	+2.45	At4G00240
20	PLDβ1	Maize-newGene-3214	Phospholipase D	-1.64	At2G42010
21	PLDβ2	GRMZM2G133943	Phospholipase D	+1.53	At4C11840
22	NPC1	GRMZM2G116876	Non Specific Phospholipase C	-2.21	At1C07230
23	NPC2	GRMZM2G479112	Non Specific Phospholipase C	-1.09	At3C03520
24	NPC3	GRMZM2G422670	Non Specific Phospholipase C	-3.24	At3C03530
25	NPC4	GRMZM2G081719	Non Specific Phospholipase C	-4.16	At3C48610
26	PAH1	GRMZM2G099481	Phosphatidic Acid Phosphatase	+3.08	At3C09560
27	PAH2	GRMZM2G154366	Phosphatidic Acid Phosphatase	+0.33	At5G42870
28	PAP1/LPP1	GRMZM2G024144	Phosphatidic Acid Phosphatase	+6.24	At2G01180

（续表）

编号	名称	玉米 ID	推测功能	变化倍数 （22 ℃ vs 5 ℃）	拟南芥 ID
29	PAP1/LPP1	GRMZM2G061568	Phosphatidic Acid Phosphatase	+1.63	At2G01180
30	PAP2/LPP2	GRMZM2G447433	Phosphatidic Acid Phosphatase	−2.14	At1G15080
31	PAP2/LPP2	GRMZM2G050658	Phosphatidic Acid Phosphatase	+1.60	At1G15080
32	PAP2/LPP2	GRMZM2G024615	Phosphatidic Acid Phosphatase	+1.52	At1G15080
33	LPP3	GRMZM2G077187	Phosphatidic Acid Phosphatase	+2.72	At3G02600
Galactolipid Synthesis					
34	MGD1	GRMZM2G142873	Monogalactosyl Diacylglycerol Synthase 1	+1.41	At4G31780
35	MGD2	GRMZM2G141320	Monogalactosyl Diacylglycerol Synthase 2	+4.49	At5G20410
36	MGD3	GRMZM2G178892	Monogalactosyl Diacylglycerol Synthase 3	+1.00	At2G11810
37	DGD1	Maize-newGene-1953	Digalactosyl Diacylglycero Synthase1	+0.84	At3G11670
38	DGD2	GRMZM2G092588	Digalactosyl Diacylglycero Synthase1	+1.40	At4G00550
39	SQD2	GRMZM2G117153	Sulfoquinovosyl Diacylglycerol Synthase1	+1.33	At5G01220
Fatty Acid Desaturation & Formation					
40	FAD2	GRMZM2G056252	Fatty Acid Desaturase	+2.75	At3G12120
41	FAD2	GRMZM2G064701	Fatty Acid Desaturase	+2.98	At3G12120

（续表）

编号	名称	玉米 ID	推测功能	变化倍数 （22 ℃ vs 5 ℃）	拟南芥 ID
42	FAD3	GRMZM2G354558	Fatty Acid Desaturase	+2.22	At2G29980
43	FAD7	GRMZM2G074401	Fatty Acid Desaturase	+1.10	At5G05580
44	FAD8	GRMZM2G128971	Fatty Acid Desaturase	+2.22	At5G05580
45	FATB	GRMZM2G007489	Fatty Acyl Acyl Carrier Thioesterase B	+2.73	At1G08510
46	FATB	GRMZM2G406603	Fatty Acyl Acyl Carrier Thioesterase B	+3.65	At1G08510
47	LACS3	GRMZM5G812228	Acyl-Coa Synthetase €	+2.67	At1G64400
48	DGL1	GRMZM5G812425	Plastic Acylase（E）	-5.67	At1G05800
49	DGL3	GRMZM2G174860	Plastic Acylase（E）	+3.32	At4G16820
50	DGL3	GRMZM2G097704	Plastic Acylase（E）	+1.80	
51	DGL3	GRMZM2G058149	Plastic Acylase（E）	+4.29	
52	DGL5	GRMZM2G359904	Plastic Acylase（E）	+5.09	At1G06800
53	DGL5	GRMZM2G353444	Plastic Acylase（E）	+1.08	

在植物中，生成半乳糖脂有两条途径：一条是在内质网中的真核途径，另一条是在叶绿体中的原核途径。在 16：3 植物拟南芥中，原核途径和真核途径均可以产生半乳糖脂，且几乎是同等作用，但在胁迫条件下真核途径的作用会增强。而玉米作为 18：3 植物，其糖脂合成是完全依赖于真核途径，然而在胁迫条件下糖脂生成途径的调控研究还未进行。本研究中，通过 RNA-seq 数据找到合成玉米糖脂的基因，最终得到 6 个基因包括单半乳糖甘油二酯合成酶（MGD），双半乳糖甘油二酯合成酶（DGD）和硫代异鼠李糖甘油二酯合成酶（SQD）。这些基因在低温胁迫条件下均上调，其中上调最多的为 MGD2，上调倍数为 4.49。

在脂肪酸和酰基辅酶 A（acyl-CoA）合成过程中，两个脂肪酸合成酶基因 FAB1&2，一个上调另一个下调。合成乙酰辅酶 A 的酶长链脂酰辅酶 A 合成酶（LACS3）为上调。所有脂肪酸去饱和酶 FADs 则都是上调[173]，包括 PC 酰基编辑基因 FAD2（脂肪酸去饱和酶）和 FAD3，半乳糖脂去饱和酶基因 FAD7 和 FAD8。催化水解磷脂和半乳糖脂释放有利脂肪酸的一组脂酶也有变化，包括 1 个 PLA2a（磷脂酶 A）上调，1 个 PLA2b（磷脂酶 A）下调，6 个 DGL 基因中的 5 个上调。

4.2.4 低温下脂类转运蛋白基因和脂类相关转录因子的响应

虽然叶绿体在植物中为脂肪酸合成的主要场所，但是不同的脂类合成是在不同的地点。因此在不同细胞器中的脂类基因是需要来回运输的[31]。本研究对脂类相关转运蛋白及相关转录因子也做了比较分析。通过拟南芥脂类基因数据库和相关文献对玉米脂质转运蛋白和相关转录因子进行筛选[171,174]。所有相关差异表达基因见表 4-2 和表 4-3。

在转运蛋白基因中，三半乳糖二酰基丙三醇（TGD）蛋白的特点是将磷脂酸（PA）从内质网转运到叶绿体中[174,175]。在 RNA-seq 数据中，所有 TGDs 基因在低温下均被抑制，这与拟南芥中的结果不同。ATP-结合盒可能是将脂类从质体膜中输出的蛋白，其中 ATP-结合盒（ACBGs）的 5 个基因中，4 个呈上调表达，1 个为下调表达，其中 ABCG23 表达量最高，其 Log_2FC 为 4.31 倍。此外 ACBP5（酰基-辅酶 A 结合蛋白）可能是与脂肪酸转出叶绿体的蛋白相关，且 ACBP5 表达量较高，Log_2FC 为 2.08。LACS3（长链脂肪酰辅酶 A 合成）可能与脂肪酸和脂质运输相关，其 Log_2FC 为 2.67。

表 4-2 低温胁迫下玉米叶片脂类相关转运蛋白显著表达基因

名称	玉米 ID	推测功能	变化倍数 (22 ℃ vs 5 ℃)	拟南芥 ID
TGD1	GRMZM2G170516	Trigalactosyldiacylglycerol 1	−3. 00	At3G06960
TGD2	GRMZM2G138995	Trigalactosyldiacylglycerol 2	−2. 34	At3G20320
TGD4	EF517601. 1− FG015	Trigalactosyldiacylglycerol 4	−2. 68	At1G19800
ABCG15	GRMZM2G157564	ATP−Binding Cassette G15	−2. 00	At3G53510
ABCG20	GRMZM2G099619	ATP−Binding Cassette G20	+3. 35	At5G19410
ABCG23	GRMZM2G036940	ATP−Binding Cassette G23	+4. 31	At3G13220
ABCG26	GRMZM2G076526	ATP−Binding Cassette G26	+2. 16	At5G60740
ABCG28	GRMZM2G064603	ATP−Binding Cassette G28	+2. 07	At3G21090
ACBP5	GRMZM2G085547	Acyl−CoA Binding Protein 5	+2. 08	At5G27630
LACS3	GRMZM5G812228	Long−Chain Acyl− Coenzyme A Synthetase	+2. 67	At1G64400

在脂类相关转录因子基因中, *WRI*1 是参与油脂产生的重要调节因子。*WRI*1 和 *APETALA* 是控制脂肪酸和三酰甘油 (TAG) 合成的关键基因[85,176]。表 4-3 显示, 玉米 *WRI*1 基因在低温下显著降低, 其 $\mathrm{Log_2FC}$ 为−6. 87。其他相关转录因子多为上调表达。*MYB*106−1 的表达倍数最高, $\mathrm{Log_2FC}$ 为 6. 97, 但 *MYB*96 和 *MYB*106−2 则为下调表达。ARF 的 3 个基因中也有一个为下调表达, $\mathrm{Log_2FC}$ 为−3. 4。*Val*2 基因为上调表达, $\mathrm{Log_2FC}$ 为 2. 3。1 个 *PKL* 基因呈上调表达, 并且未被注释到, 为新基因, 其表达量是 3. 42 倍。此外, *bZIP* 和 *Dof* 可能与脂肪酸代谢或脂类代谢相关, 并呈上调表达, 其表达倍数分别为 3. 76 倍和 1. 74 倍。

表 4-3 低温胁迫下玉米叶片脂类相关转录因子显著表达基因

名称	玉米 ID	推测功能	表达倍数 (22 ℃ vs 5 ℃)	拟南芥 ID
WRI	GRMZM2G131266	WRINKLED 1	−6. 87	At3G54320
Val 2	GRMZM2G008356	Transcription factor B3	+2. 30	At4G32010
bZIP	GRMZM2G448607	basic leucine Zipper Proteins	+3. 76	At3G62420

（续表）

名称	玉米 ID	推测功能	表达倍数 （22 ℃ vs 5 ℃）	拟南芥 ID
Dof	GRMZM2G456452	DNA Binding with One Finger	+1.74	*At4G00940*
PKL	Maize- newGene-5126	PICKLE	+3.42	*At2G25170*
*ARF*7	GRMZM2G073750	Auxin-Responsive Factor 7	−3.40	*At5G20730*
*ARF*19-1	GRMZM2G317900	Auxin-Responsive Factor 19	+3.10	At1G19220
*ARF*19-2	GRMZM2G160005	Auxin-Responsive Factor 19	+2.08	At1G19220
*MYB*96	GRMZM2G139284	MYB Domain Protein 96	−3.27	At3G01140
*MYB*106-1	GRMZM2G097636	MYB Domain Protein 106	+6.97	At3G01140
*MYB*106-2	GRMZM2G162709	MYB Domain Protein 106	−3.74	At5G62470

4.2.5 低温处理对玉米叶片膜脂的影响

为了研究玉米叶片光合膜脂的组成和种类在低温下的变化，本研究利用脂质组学分析技术，对玉米叶片中的甘油脂类的含量和脂肪酸组成进行了分析[173]。通过 ESI-MS/MS 一共检测到 12 种脂类，包括 6 种磷脂（PC、PE、PA、PI、PS 和 PG），2 种半乳糖脂（MGDG 和 DGDG），1 种硫脂（SQDG）以及 3 种溶血磷脂（LPG、LPC 和 LPA）。

通过图 4-3 可以看到，玉米叶片中 MGDG 和 DGDG 的比例最高，分别接近于 25% 和 45%，其余依次为 PC、PG、PI、PA、SQDG、PE、PS、LPG、LPC、LPA。在半乳糖脂及硫脂组分中，冷胁迫下 DGDG 所占百分比升高，在 5 ℃ 处理条件下百分比含量为 20.5%，在 10 ℃ 下百分比含量最高。而 SQDG 及 MGDG 的含量在 5 ℃ 处理条件下降低，分别降低了 0.3% 和 0.9%。在磷脂与溶血磷脂组分中，与对照温度相比，其含量也有明显变化，其中 PA 和 LPC 为显著增长（$P<0.05$），增长倍数分别为 4.9 倍和 4.5 倍；PG 在 5 ℃ 处理条件下含量最高；PC 和 PE 则在 10 ℃ 处理条件下百分含量最高，PS 在各温度下百分含量均较低；PA 的百分比含量随着温度的降低而升高；溶血磷脂类 LPG 则随着温度降低而降低。

除对膜脂含量总体分析之外，本研究也进行了相关半乳糖脂，硫脂及磷脂的两个侧链脂肪酸分子种的分析。图 4-4 为主要磷脂在各温度下的侧链脂肪酸分

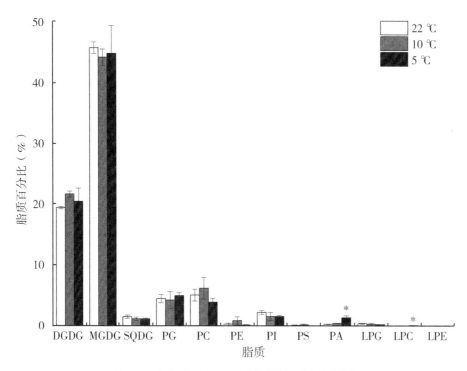

图 4-3　低温胁迫对玉米叶片中脂质含量的影响

子种变化，不同分子种以碳原子总数与双键总数比值来表示。从图 4-4 可以看出，玉米叶片磷脂的分子种主要以 C34 和 C36 分子为主，其中 34：2（碳原子总数：双键总数）和 34：3，以及 36：4 和 36：5 的相对含量较高。在 PI 中，34：2 和 34：3 均是 22 ℃下摩尔百分比含量明显高于其他温度，在 36：4、36：5 和36：6中，则是 5 ℃下摩尔百分比含量最高。在 PE 种，各分子种含量均是 10 ℃处理条件下为最高，其中 34：2、34：3、36：4 和 36：5 的摩尔百分比含量在10 ℃有明显差异。在 PC 中，各分子种变化差异明显，其中 34：3、36：2、36：5和36：6的摩尔百分比含量是随着温度的降低而降低，但在 34：2、36：3和36：4中则是 10 ℃处理条件下的摩尔百分比含量为最高。在 PA 中，各分子种变化差异显著，且随着温度的降低，各分子种均呈一致的变化，同时在 5 ℃时达到最高，且明显高于其他分子种中摩尔百分比含量。

　　图 4-5 为主要甘油糖脂在各温度下的脂肪酸分子种（碳原子总数：双键总数）变化。叶绿体类囊体中磷脂 PG 的分子种主要由 C34 分子构成，各温度下的不同分子种 PG 的摩尔百分比变化如下，10 ℃处理条件下 34：2 PG 摩尔百分比含量最高，而 34：3、36：4 和 36：5 PG 的百分比含量随着温度的降低而增加，

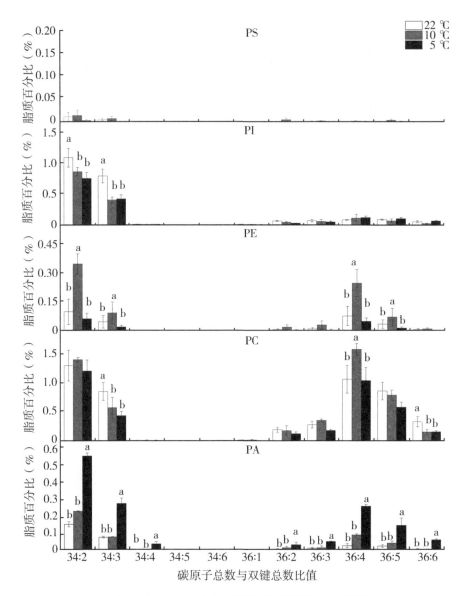

图4-4　玉米叶片中主要磷脂在低温下各分子种变化

均在 5 ℃下达到最高，且在 36：4 和 36：5 间有显著差异，其中 34：4 PG 的摩尔百分比含量在 10 ℃处理条件下为最低。在半乳糖脂中，C34 分子种摩尔百分比含量是微量的，而以 C36 分子为主要组分。MGDG 和 DGDG 在各温度下均在

36：6 分子种所占摩尔百分比含量最高，而且均在 5 ℃时最高，10 ℃下为最低。全部分子种分析显示：与对照相比，MGDG 和 DGDG 分别增加了 107% 和 100.1%。对于硫脂 SQDG，C34 和 C36 分子种摩尔百分比含量相似，34：3 SQDG 的摩尔百分比最高，其次为 36：6 SQDG，在其他分子种间也有少量分布。

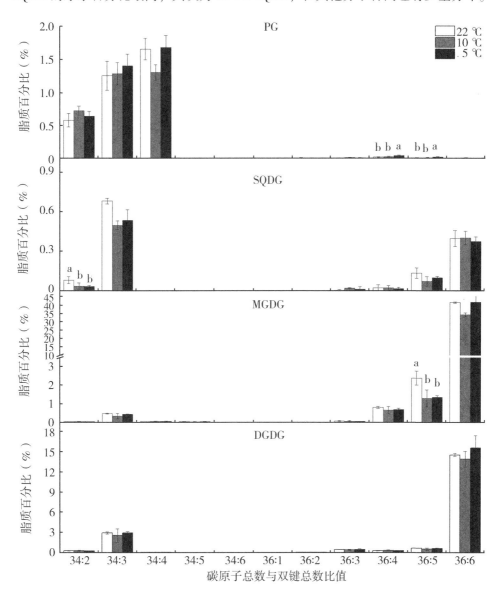

图 4-5　玉米叶片中主要质体甘油糖脂在低温下各分子种变化

图 4-6 为主要溶血磷脂在各温度下的分子种变化。由图可知，LPG、LPC 和 LPE 的各分子种在各温度下变化不一致，其中 LPG 的 16∶1 分子种中摩尔百分比含量随着温度的降低而降低，但 16∶0、18∶3 和 18∶2 则是随着温度的升高而升高，此外，18∶1 LPG 中摩尔百分比含量较低无法显示。在 LPC 中，除 18∶0

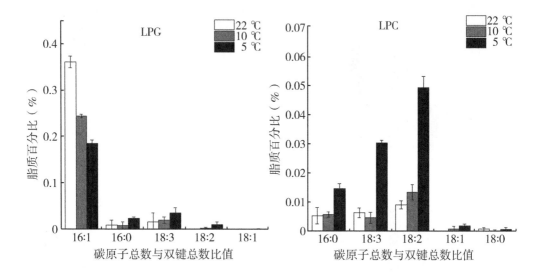

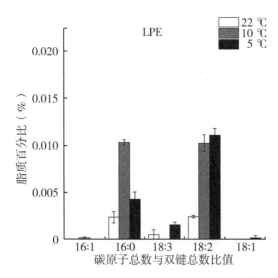

图 4-6 玉米叶片中主要溶血磷脂在低温下各分子种变化

分子种外，其他分子种中的摩尔百分比含量变化均是随着温度的降低而升高同时在 5 ℃下达到最高。在 LPE 中，各分子种变化不一致，其中，18：3 和 18：2 LPE 分子种中摩尔百分比含量在 5 ℃处理条件下最高，而 16：0 则是在 10 ℃处理条件下达到最高。

4.2.6 低温处理对玉米叶片膜脂双键指数的影响

双键指数（DBI，double bond index）是甘油酯分子中所含脂肪酸双键数目的平均值，是反映脂质总不饱和度的一个重要指标。通常通过计算 DBI 来显示脂类的不饱和程度或水解程度，DBI 指数低则不饱和程度水解程度低，反之亦然[169]。

由表 4-4 可以看出，在玉米叶片半乳糖脂中，MGDG 和 DGDG 的双键指数在 3 个温度处理下并无较大差异，但其中以 MGDG 的 DBI 为最高，分别为 2.68（22 ℃）、2.18（10 ℃）和 2.64（5 ℃），且最大变化率（LRC）为 0.23%。在 DGDG 中，5 ℃于 22 ℃下膜脂双键指数的变化率为 -0.05%。在硫脂 SQDG 中，各 DBI 指数几乎相同，且变化率（RC）和最大变化率（LRC）基本一致。在磷脂中，PA 的 DBI 指数变化最为明显，在 5 ℃下与其他温度差异显著，PA 的最大变化率（LRC）为 4.59%。而其他磷脂类在 3 个温度处理下并无较大差异，但 PS 的 LRC 为最高，12.6%。总的来说，最低温度 5 ℃到 22 ℃的变化为 -0.82 到 6.95，而 LRC 则为 0.12% 到 12.64%。

表 4-4　在低温下玉米膜脂 DBI 变化

膜脂分类	双键指数 DBI			变化率 RC（%） 5 to 22 ℃	最大变化率 LRC（%）
	22 ℃	10 ℃	5 ℃		
DGDG	1.04±0.02ª	0.10±0.3ª	1.09±0.13ª	-0.054 229 610	0.122 367 826
MGDG	2.68±0.05ª	2.18±0.70ª	2.64±0.30ª	0.015 495 938	0.234 128 853
SQDG	0.05±0.01ª	0.05±0.02ª	0.05±0.00ª	0.184 186 415	0.194 045 708
PA	0.01±0.00ª	0.01±0.00ª	0.04±0.01ᵇ	-0.821 211 430	4.593 198 773
PC	0.17±0.03ª	0.18±0.09ª	0.13±0.02ª	0.344 616 412	0.369 886 480
PE	0.01±0.00ª	0.03±0.01ª	0.004±0.00ª	0.860 229 574	4.553 916 509
PS	0.002±0.00ª	0.004±0.00ª	0.003±0.00ª	6.952 217 523	12.640 577 710
PI	0.06±0.01ª	0.04±0.01ª	0.05±0.00ª	0.367 387 127	0.458 030 906
PG	0.12±0.02ª	0.11±0.05ª	0.13±0.01ª	-0.070 398 930	0.174 140 249
总脂质	4.15±0.07ª	3.58±1.10ª	4.14±0.50ª	0.003 029 357	0.162 029 041

4.2.7 22 ℃ vs 5 ℃下脂类差异表达基因与代谢物互作网络构建

通过对转录组和脂质组数据进行整合，将22 ℃ vs 5 ℃处理条件下筛选得到的脂类相关基因（表4-1）与膜脂代谢物的变化情况（图4-3至图4-5）综合分析，绘制出差异表达基因与代谢物之间互作网络图，拟建立玉米在低温条件下光合膜脂代谢调控网络。彩图4中甘油糖脂合成与代谢途径中出现的不同分子种脂质含量与基因转录水平均以热图形式出现，红绿色表示脂质分子中摩尔百分比含量，粉蓝色表示脂类相关基因转录水平。如彩图4所示，在低温条件下，内质网上的磷脂合成途径和叶绿体中的糖脂合成途径的大部分反应被激活（途中红色箭头所示），催化这些反应步骤的基因大多呈现出上调表达，包括参与合成磷脂酰胆碱（PC）和磷脂酸（PA）的基因，以及参与半乳糖脂类单半乳糖甘油二酯（MGDG）和双半乳糖甘油二酯（DGDG）合成的基因。

磷脂酸（PA）和二酰甘油（DAG）作为重要脂类代谢的重要中间产物，可以通过多种途径在不同亚细胞中生成。通过从3-磷酸甘油和脂肪酸开始的脂类从头合成途径，内质网（ER）真核途径和质体原核途径可以在不同的亚细胞空间分别合成PA或DAG库。另外，PA和DAG还可以通过水解磷脂中的磷脂酰胆碱（PC）或磷脂酰乙醇胺（PE）产生，这个过程由两种类型磷脂酶即磷脂酶D（PLD）和磷脂酶C（PLC）催化。在植物中，利用PLD直接水解磷脂PC（或PE）产生PA，NPC（非特异性PLC）催化的反应则直接生成DAG。由磷脂酶水解磷脂所生成的PA和DAG通常在sn-1和sn-2上含有多不饱和脂肪酸，形成了一个与从头合成途径不同的PA或DAG库。由磷脂PC（或PE）水解生成的中间产物DAG是合成多不饱和中性脂（TAG）及糖脂的一个重要前体。

在不同胁迫条件下，16：3植物拟南芥中真核途径和原核途径会发生调整，内质网/真核途径生成的中间产物会被输送到叶绿体/原核途径中进行发挥作用。磷脂酶产生的PA和DAG是脂类的中间产物，同时也是产生糖脂的主要前体。研究表明，磷脂PC（或PE）水解中间产物36：4 DAG是内质网真核途径向糖脂MGDG和DGDG合成提供的最主要的前体。然而对于18：3植物，可能由于低活性的*PAP*不能合成足够的DAG，叶绿体/原核途径生成糖脂的功能基本丧失。在本研究中，冷胁迫下*NPC*全部都是下调，而*PLD*基因则为上调，这说明PLD-PA途径是主要形成DAG的途径，同时DAG又是形成MGDG和DGDG的主要前体，因此PLD-PA途径是在冷胁迫下为糖脂合成提供前体的主要途径。

通过分析脂质组数据可以看到在冷胁迫下，PA含量呈显著增加，同时PC

下降。可能是由于 PLD-PA 途径在低温下被激活，导致 PC 的降解和 PA 的生成，转录组数据也印证了这一点，多个 PLD 基因呈上调表达。MGDG 和 DGDG 中脂肪分子种中 36∶6 为主要分子，暗示着半乳糖脂 MGDG 和 DGDG 主要来源是由 ER 途径中产生的 PA 和 DAG。SQDG 中 C34 和 C36 分子种含量相当，说明其不仅通过 ER 途径也通过质体途径生成。

在 PC 和 LPC 之间发生的可逆酰基编辑过程为各种用途生成多不饱和脂肪酸是一个关键的过程，同时也是与 *FAD2/FAD3* 的表达相协调的。PLA2 是水解 PC 产生 LPC 的关键酶，在这一过程中同时释放游离脂肪酸（FFA，free fatty acid）。同时 LPCAT 则催化 PC 与 LPC 之间的转化，虽然在本研究中没有找到对应拟南芥的玉米同源基因，但 LPEAT 也可能是参与这个过程。此外，6 个 *DGLs* 个基因中有 4 个上调，*DGLs* 被认为是水解磷脂和半乳糖脂释放游离脂肪酸的脂肪酶水解酶。这些脂酶激活会产生游离脂肪酸（FA）和乙酰辅酶 A（Acyl-Co As），这些又会被利用产生更多的 PC。在冷适应下激活的酰基编辑也使得 LPCs 呈上升水平。

4.2.8　脂质相关基因共表达网络建立

利用转录组数据库中筛选获得的 212 个具有显著差异表达的脂质相关基因进行相关性分析，将相关性>0.9 的 170 个基因利用 Cytoscape 软件进行共表达网络建立（彩图 5a）。其中上调基因标记为红色，下调基因标记为蓝色。如彩图 5 所示，脂类相关基因划分到两个共表达簇中。左右两个网络的划分是由于脂类相关基因的表达分布而区分。左侧的共表达簇中包括大量的上调基因，同时这些基因是与代谢途径相关的。例如：磷脂合成和编辑（*GPAT7*、*LPAT5*、*CCT*、*PAH*、*FAD2* 和 *PLD*）。在右侧的共表达簇中，既有上调基因又有下调基因，这些基因是与脂类代谢途径相关的，同时也有一些基因是与脂类代谢调控相关的，包括转录因子，WRI、MYB 等。

另外，对参与上述磷脂和糖脂主要脂质代谢过程的基因也绘制出一个共表达网络，其差异表达基因与参与的途径分别在彩图 5 和表 4-1 中显示。不同类别的基因标记为不同的颜色（彩图 5b）。如彩图 5b 显示，圆中右下部为相关性较高的基因集群，从 DGD2 到 LPPa3。这些共表达基因集群分别是参与磷脂合成和降解过程（如 GPAT7、LPAT5、CCT、PLD 和 LPP），半乳糖脂合成（MGD1 和 DGD2），也有脂肪酸和酰基-辅酶 A 产生和脱饱和（FATB、DGL 和 FAD2），同时，这些通路中涉及的基因大部分上调。在左上方的圆中，包括磷脂合成和编辑（PLA、PLD 和 LPEAT），而中性脂 TAG 合成（GPAT、LPAT 和 PDAT）基因在另一个共表达子集中。

4.3　小结

4.3.1　玉米叶片低温转录组脂类相关基因差异表达分析

利用第二章获得的玉米幼苗叶片低温转录组数据，筛选玉米脂类代谢相关的基因并分析其差异表达情况。在不同温度对比组中，22 ℃ vs 5 ℃对比组共筛选到 556 个脂类相关基因，在 22 ℃ vs 10 ℃对比组中共筛选到 523 个脂类调节基因，在 10 ℃ vs 5 ℃对比组中，共筛选到 519 个脂类相关基因。以 22 ℃ vs 5 ℃对比组为研究对象进行脂类代谢途径注释，556 个差异表达基因被分类到 18 个之类代谢途径中，其中 280 个基因上调，276 个基因下调。在 212 个显著差异表达基因中（$Log_2FC \geqslant 1.5$），117 个为上调表达，95 个为下调表达。在 18 个脂类代谢途径中，差异基因在"磷脂信号""真核磷脂合成与编辑"以及"真核半乳糖脂、硫脂和磷脂合成"途径中富集明显，$Log_2FC \geqslant 1.5$ 或 $\leqslant -1.5$ 差异基因上调基因和下调基因个数分别为 22/10、9/6 和 15/6，说明磷脂和半乳糖脂代谢途径在低温下被激活。同时，在 22 ℃ vs 5 ℃对比组中检测到与脂质转运相关的转运蛋白基因 10 个，以及与脂质代谢相关转录因子 11 个。

4.3.2　玉米叶片低温脂质组学分析

本研究利用脂质组学分析技术，对玉米叶片中的甘油脂类的含量和脂肪酸组成进行了分析。共检测到 6 种磷脂（PC、PE、PA、PI、PS 和 PG），2 种半乳糖脂（MGDG 和 DGDG），1 种硫脂（SQDG）以及 3 种溶血磷脂（LPG、LPC 和 LPA）。玉米叶片中半乳糖脂 MGDG 和 DGDG 的比例最高，分别接近于 25% 和 45%。在半乳糖脂及硫脂组分中，在 5 ℃冷胁迫下 DGDG 所占摩尔百分比升高，而 SQDG 及 MGDG 的含量降低；磷脂中 PA 摩尔百分比在低温下升高，而 PC 含量降低。根据对脂类在各温度下的脂肪酸分子种的分析，MGDG 和 DGDG 在各温度下均在 36∶6 分子种所占摩尔百分比含量最高，而且均在 5 ℃时最高，说明玉米是典型的 18∶3 植物，而且低温促进了内质网真核途径的 C36 前体供给叶绿体中糖脂的合成。

通过计算脂类双键指数 DBI 来检测脂类的水解程度，低温下 MGDG 的 DBI 变化最高，而且 5 ℃下 PA 的 DBI 与其他温度相比有明显差异。

4.3.3　脂类差异表达基因与代谢物互作网络的构建

对转录组和脂质组数据进行联合分析，利用 22 ℃ vs 5 ℃处理条件下筛选得到的脂类相关基因与脂质组检测到膜脂代谢物的变化情况，并绘制出差异表达基因与代谢物之间互作网络图，构建了玉米在低温条件下光合膜脂代谢调控网络。结果显示了在低温条件下，内质网上的磷脂合成途径和叶绿体中的糖脂合成途径的大部分反应被激活，催化这些反应步骤的基因大多呈现出上调表达，包括参与磷脂 PC 和 PA 合成的基因，以及参与半乳糖脂类 MGDG 和 DGDG 合成的基因。通过分析脂质组数据可以看到在冷胁迫下，PA 含量呈显著增加，同时 PC 下降。可能是由于 PLD-PA 途径在低温下被激活，导致 PC 的降解和 PA 的生成。冷胁迫下 NPC 全部都是下调，而 PLD 基因则为上调，这说明 PLD-PA 途径是主要形成 DAG 的途径，同时 DAG 又是形成 MGDG 和 DGDG 的主要前体，因此 PLD-PA 途径是在冷胁迫下为糖脂合成提供前体的主要途径。MGDG 和 DGDG 中脂肪分子种中 36:6 为主要分子，表明半乳糖脂 MGDG 和 DGDG 主要来源是由 ER 途径中产生的 PA 和 DAG。

利用转录组数据库中筛选获得的 212 个具有显著差异表达的脂质相关基因进行相关性分析，并建立了共表达网络。脂类相关基因划分到两个共表达簇中，其中之一包括磷脂合成和编辑相关基因（GPAT7、LPAT5、CCT、PAH、FAD2 和 PLD），另一个共表达簇包括脂类代谢途径调控相关基因，包括转录因子 WRI、MYB 等。

4.4　讨论

在植物细胞中，脂肪酸只在叶绿体中合成，而甘油脂的合成却有两条完全独立的途径，分别存在于叶绿体和细胞质中，通常被叫作原核途径和真核途径[29,177]。由于转酰基酶的特异性不同，通过叶绿体中的原核途径生成的甘油脂在第二个酰基位置上带有 C16 脂肪酸，而真核途径生成甘油脂在第二个酰基位上只有 C18 脂肪酸，这两条途径虽然在空间上相互分离，但是在整个脂类合成代谢过程中也受各种因素的调控而协同作用，而且在不同物种中表现出不同的模式。一些植物比如拟南芥和菠菜，它们的主要叶绿体脂类（甘油糖脂 MGDG 和 DGDG）由原核途径和真核途径共同完成，代表性的标志就是这两种脂类中含高水平的十六碳三烯酸 16:3，所以这样的植物被叫作 16:3 植物；而另外一类，例如豌豆和小麦，它们叶绿体甘油脂的合成几乎完全依赖于细胞质中的真核途径，产物带有大量的 18:3 脂肪酸，因而被称为 18:3 植物[178]。

研究表明，在随着环境温度的变化，内质网真核途径和质体原核途径之间的甘油脂代谢途径也随之调整[80]。目前植物的甘油脂代谢途径调控的研究主要集中在 16:3 植物拟南芥上，而关于 18:3 植物的研究匮乏，因而 18:3 植物脂质代谢调控模式的讨论只能在 16:3 植物已有的研究基础上讨论。本研究中，以玉米为研究对象，通过转录组与脂质组相结合的方式，深入研究 18:3 植物的膜脂代谢调控网络及其分子调控模式。

本研究通过对玉米叶片低温转录组 RNA-Seq 数据进行分析，共筛选确定了556 个脂质相关基因，其中有 200 个基因为高水平差异表达基因。在低温下，有大量的脂质基因表达受到不同程度的激活或抑制的影响（表 4-1）。参与合成磷脂和半乳糖脂的基因均在低温下明显上调。同时通过 UPLC/MS 进行脂质组的分析，检测到大量的甘油酯途径中的脂类，包括磷脂类 PC、PE、PA、PI、PS 和PG，半乳糖脂类 MGDG 和 DGDG，硫脂 SQDG，以及 3 种溶血磷脂，并测定了这些脂类的分子种组成。脂质组分析显示，在磷脂类中，低温下摩尔百分比含量增加最显著的是 PA，降低的比较明显的是 PC。在半乳糖脂类中，DGDG 增加而MGDG 减少。这也表明通过水解 PC 产生的 PA 可能为半乳糖脂 DGDG 的合成提供前体，而最终的产物半乳糖脂 DGDG 是构成叶绿体双层膜主要的脂。脂肪酸分子种的分析揭示出在 MGDG 和 DGDG 中占优势地位的分子种是 36:6，表明在叶绿体中半乳糖脂主要通过内质网真核途径产生，同时是以 36:4 PC 作为底物。

如前所述，16:3 植物依靠真核和原核途径产生半乳糖脂，因此 MGDG 和DGDG 中 34:6 和 34:4 的比例几乎相等，而 18:3 植物则完全依赖于真核半乳糖脂合成途径，最终产生大量的 36:6 MGDG 和 DGDG[56,67,70]，在本研究中MGDG 和 DGDG 中主要是 36:6 分子种，因此玉米属于典型的 18:3 植物。在16:3 植物中，脂质合成的真核与原核途径之间的动态平衡与非生物胁迫息息相关，在多种不同胁迫条件下，发现真核途径的作用加强，为原核途径糖脂合成提供更多的前体[80]。在本研究的低温条件中，在转录水平和生化水平上也显示出真核途径磷脂类的降解增强和半乳糖脂的合成途径的激活。

彩图 6 显示的是在现有的研究基础上对玉米脂质代谢途径响应低温胁迫变化的几种假设模式。这一模式包括内质网真核途径和叶绿体原核途径。如上所述，PA 和 DAG 是脂类代谢的重要中间体，同时 PA 和 DAG 可以在不同的亚细胞中通过多种途径产生。从头合成的 PA 和 DAG 分别在内质网与叶绿体中产生（内质网中的标记为 1，叶绿体中的标记为 3），同时 PA 和 DAG 也可以来自 PC 的水解，这属于第二类 PA 和 DAG（标记为 2），由 PLD 和 PLC 两种类型的磷脂酶催化。在植物中，PLD 途径产生的 PA 主要通过水解磷脂 PC（和 PE），而 NPC（非特异性 PLC）途径产生 DAG[179]。在本研究中，PLD 中大多数基因均为上调，同时 PAH/PAP/LPP 这些基因也属上调，表明 PC-PA-DAG 这一途径在半乳糖脂合成中起重要作用，同时脂质组数据也显示，通过 36:4 PC 与 36:4 DAG 是生成半乳糖脂 36:6 MGDG 和 DGDG 的主要前体。

　　虽然我们的研究结果符合之前在 16∶3 植物上形成的膜脂代谢途径的模式，但由于我们所用的材料玉米为 18∶3 植物，因而又与之前的研究结果有些差异[180]，为此我们提出了 3 种假设，如图 4-9 所示，磷脂代谢途径中间产物可以通过多种途径参与到半乳糖脂的合成过程。第一种，PC 直接从内质网转移至叶绿体中，在这一途径中，PC-PA-DAG 是发生在叶绿体外膜[82]，也就是说，PLD 和 PAP/LPP 是作用在叶绿体外膜上，同时解释了在叶绿体中的 PAP 有着较高的表达量。第二种，PA 进入叶绿体中，这也意味着 PC-PA 的转换是在内质网中或在细胞质中，主要通过 PLDs[174]。第三种，当 DAG 转移时，PA-DAG 过程在内质网或细胞质中进行，主要是由内质网中定位的 PAH 和没有膜结构束缚的 LPP 催化完成。本研究与第二种途径更为接近，叶绿体中 PAP 呈显著上调（>6 倍），因此我们推测 PA 是可以从内质网中直接转移至叶绿体中，并通过 PAP 的作用产生，当然这一点还需要更深入的研究来证实。

5 结论及创新点

5.1 结论

5.1.1 低温下玉米叶片转录组学分析

转录组分析显示玉米幼苗中大量基因受低温诱导，其中，22 ℃ vs 5 ℃和 10 ℃ vs 5 ℃对比组中差异表达基因数目较多。在22 ℃ vs 5 ℃中，3 090个冷胁迫相关基因上调表达，2 686个冷胁迫相关基因下调表达。差异基因主要富集在生物合成和信号转导过程中。另外在22 ℃ vs 5 ℃中有785个转录因子家族基因有明显差异表达，表明转录因子等相关基因在5 ℃低温下参与冷调节机制。

5.1.2 低温下玉米幼苗叶片光合相关基因表达情况及光合特性分析

低温下叶绿素合成相关基因呈下调表达，叶绿素降解相关基因呈上调表达，这与低温下叶绿素参数的变化相符合。同时，在低温下光系统相关基因多数呈下调表达，也与光合参数在低温下降低趋势相符合。说明低温通过调控相关基因表达来调控光合作用。

5.1.3 低温下玉米幼苗保护酶系统相关基因表达及酶活性分析

在低温下编码ROS清除相关的保护性酶的大多数基因均呈上调表达，其中SOD上调倍数最高的基因为 $SOD10$（CSD），是对照处理的1.35倍；POD上调倍数最高的基因为 $POD44$，是对照处理的7.88倍。这与低温下这些酶的上升相符合。同时，部分脂氧合酶基因（LOX）的表达与MDA含量的变化相关，说明低温通过调控相关基因表达来调节氧化还原系统。

5.1.4 玉米叶片低温转录组脂类相关基因差异表达分析

利用获得的玉米幼苗叶片低温转录组数据，筛选玉米脂类代谢相关的基因并分析其差异表达情况。在低温下大量膜脂相关基因受到诱导而呈上调表达，包括与磷脂、糖脂代谢及脂信号转导相关基因（FAD8，2.22 倍；DGD2，1.4 倍；PLDα，1.45 倍），这与脂质组分析所获得膜脂变化趋势相符合，表明低温通过调控脂类相关基因表达来调节膜脂代谢过程。

5.1.5　玉米叶片低温脂质组学分析

本研究利用脂质组学分析技术，对低温下玉米叶片中的甘油脂类的含量和脂肪酸组成进行了分析。在 5 ℃冷胁迫下磷脂中 PC 摩尔百分比含量降低而 PA 含量升高，糖脂中 MGDG 摩尔百分比降低而 DGDG 升高，说明低温促进磷脂降解和糖脂生成，尤其是增加了有利于稳定细胞膜 DGDG 的含量。根据对脂类在各温度下的脂肪酸分子种的分析，MGDG 和 DGDG 中 C36 分子种所占摩尔百分比含量最高说明玉米是典型的 18∶3 植物，在 5 ℃时 36∶6 摩尔百分比含量最高，说明膜脂不饱和程度升高，有利于维持膜脂在低温下的流动性。

5.1.6　低温玉米膜脂相关差异表达基因与代谢物互作网络的构建

通过对转录组和脂质组数据进行联合分析，利用 22 ℃ vs 5 ℃处理条件下筛选得到的脂类相关基因与脂质组检测到的膜脂代谢物的变化情况构建了玉米在低温条件下光合膜脂代谢调控网络。在低温下内质网上的磷脂合成途径和叶绿体中的糖脂合成途径的大部分反应被激活，与脂肪酸脱饱和相关大部分基因被激活；脂类代谢产物从内质网上的磷脂合成途径向叶绿体中糖脂合成途径流动增强，且 PLD-PA 途径是形成中间产物 DAG 的主要途径，也是在冷胁迫下为糖脂合成提供前体的主要途径。

5.2　创新点

第一，本研究结合高通量转录测序技术和新兴的脂质组检测技术，在光合生理、膜脂代谢以及基因表达等方面研究了玉米幼苗对低温胁迫的响应，从生理、生化及分子生物学多层次上解析了玉米幼苗响应低温胁迫的机制。

第二，本研究通过脂质组检测对玉米叶片中的 12 类（100 多分子种）甘油脂类进行分析，这是目前在玉米上开展的首例光合膜脂类代谢的研究工作。同时将脂质组数据与转录组数据进行整合，首次建立了玉米在低温条件下光合膜脂代谢调控网络。

第三，玉米中关于脂信号 PA 的作用研究较少，本试验在全基因组水平分离鉴定出与 PA 生成相关的玉米 DGK 家族成员，并通过基因表达分析预测了其在植物抗逆过程中的生物学功能。

参考文献

［1］ NGUYEN H T, LEIPNER J, STAMP P, et al. Low temperature stress in maize (*Zea mays* L.) induces genes involved in photosynthesis and signal transduction as studied by suppression subtractive hybridization ［J］. Plant Physiol Biochem, 2009, 47 (2)：116-122.

［2］ DOHERTY C J, VAN BUSKIRK H A, MYERS S J, et al. Roles for Arabidopsis CAMTA transcription factors in cold-regulated gene expression and freezing tolerance ［J］. Plant Cell, 2009, 21 (3)：972-984.

［3］ 王忠. 植物生理学 ［M］. 北京：中国农业出版社, 2008：535-538.

［4］ 张梦婷, 刘志娟, 杨晓光, 等. 气候变化背景下中国主要作物农业气象灾害时空分布特征 I：东北春玉米延迟型冷害 ［J］. 中国农业气象, 2016 (5)：599-610.

［5］ 符琳. 东北三省农业气候年景评估研究 ［D］. 北京：中国气象科学研究院, 2011.

［6］ 赵俊芳, 杨晓光, 刘志娟. 气候变暖对东北三省春玉米严重低温冷害及种植布局的影响 ［J］. 生态学报, 2009, 29 (12)：6544-6551.

［7］ FAROOQ M, AZIZ T, HUSSAIN M, et al. Glycinebetaine improves chilling tolerance in hybrid maize ［J］. J Agron Sci, 2008, 194 (2)：152-160.

［8］ CHEN X, SONG F, LIU F, et al. Effect of different arbuscular mycorrhizal fungi on growth and physiology of maize at ambient and low temperature regimes ［J］. Scientific World Journal, 2014, 2014：956141.

［9］ 王富, 李景富, 许向阳, 等. 不同叶龄期低温处理对番茄花粉发育影响 ［J］. 北方园艺, 1999 (2)：3-4.

［10］ 李美茹, 刘鸿先, 王以柔. 植物抗冷性分子生物学研究进展 (综述) ［J］. 热带亚热带植物学报, 2000 (1)：70-80.

［11］ FRIDOVICH I. The Biology of Oxgen Redical ［J］. Seience, 1975, 201：

875-880.

[12] 李晶, 阎秀峰, 祖元刚. 低温胁迫下红松幼苗活性氧的产生及保护酶的变化 [J]. 植物学报, 2000 (2): 148-152.

[13] 刘鸿先, 曾韶西, 王以柔, 等. 低温对不同耐寒力的黄瓜 (*Cucumic sativus*) 幼苗子叶各细胞器中超氧物歧化酶 (SOD) 的影响 [J]. 植物生理学报, 1985 (1): 48-57.

[14] 周青, 王纪忠, 陈新红. 持续低温对黄瓜幼苗形态和生理特性的影响 [J]. 北方园艺, 2010 (16): 1-3.

[15] 张蕊. 低温下外源水杨酸对水稻幼苗生理生化特性的影响研究 [D]. 重庆: 西南大学, 2006.

[16] 王以柔, 李平, 刘鸿先, 等. 低温对不同耐寒力的黄瓜幼苗子叶的各细胞器中 NAD^+ -苹果酸脱氢酶的影响 [J]. 植物生理学报, 1985 (2): 147-154.

[17] 冯建灿, 张玉洁, 杨天柱. 低温胁迫对喜树幼苗 SOD 活性、MDA 和脯氨酸含量的影响 [J]. 林业科学研究, 2002 (2): 197-202.

[18] DULAI D, SZOPKÓE D, MOLNÁRK K. Photosynthetic responses of a wheat (Asakaze) -barley (Manas) 7H addition line to salt stress [J]. Photosynthetica, 2016, 5: 1-13.

[19] 卫丹丹. 低温胁迫下甜菜碱对番茄叶片光合作用的保护机制 [D]. 泰安: 山东农业大学, 2016.

[20] ARO E M, VIRGIN I, ANDERSSON B. Photoinhibition of Photosystem Ⅱ. Inactivation, protein damage and turnover [J]. Biochim Biophys Acta, 1993, 1143 (2): 113-134.

[21] BAKER NEIL R. A possible role for Photosystem Ⅱ in environmental perturbations of photosynthesis. [J]. Physiol Plant, 1991, 81 (4): 563-570.

[22] ADAMS W W, MULLER O, COHU C M, et al. May photoinhibition be a consequence, rather than a cause, of limited plant productivity? [J]. Photosynth Res, 2013, 117 (1-3): 31-44.

[23] XU T J, DONG Z Q, LAN H L, et al. Effects of PASP-KT-NAA on Photosynthesis and Antioxidant Enzyme Activities of Maize Seedlings under Low Temperature Stress [J]. Acta Agronomica Sinica, 2013, 38 (2): 352-359.

[24] CHAVES M M, FLEXAS J, PINHEIRO C. Photosynthesis under drought

and salt stress: regulation mechanisms from whole plant to cell [J]. Ann Bot, 2009, 103 (4): 551-560.

[25] FLEXAS J, BOTA J, LORETO F, et al. Diffusive and metabolic limitations to photosynthesis under drought and salinity in C_3 plants [J]. Plant Biol (stuttg), 2004, 6 (3): 269-279.

[26] 徐田军, 董志强, 兰宏亮, 等. 低温胁迫下聚糠萘合剂对玉米幼苗光合作用和抗氧化酶活性的影响 [J]. 作物学报, 2012 (2): 352-359.

[27] 杨猛, 魏玲, 胡萌, 等. 低温胁迫对玉米幼苗光合特性的影响 [J]. 东北农业大学学报, 2012 (1): 66-71.

[28] OLDROYD G E, MURRAY J D, POOLE P S, et al. The rules of engagement in the legume-rhizobial symbiosis [J]. Annu Rev Genet, 2011, 45: 119-144.

[29] OHLROGGE J, BROWSE J. Lipid biosynthesis [J]. Plant Cell, 1995, 7 (7): 957-970.

[30] 陆姝欢. 脂质组学研究两种红豆杉细胞磷脂代谢的差异 [D]. 天津: 天津大学, 2007.

[31] LI N, XU C, LI-BEISSON Y, et al. Fatty Acid and Lipid Transport in Plant Cells [J]. Trends Plant Sci, 2016, 21 (2): 145-158.

[32] JOUHET J, MARECHAL E, BALDAN B, et al. Phosphate deprivation induces transfer of DGDG galactolipid from chloroplast to mitochondria [J]. J Cell Biol, 2004, 167 (5): 863-874.

[33] MURATA N S. P. A. Lipids in ohotosynthesis: An overview, In: Siegenthaler P A, Murata N, eds. Lipids in photosynthesis: Structure, Function and Genetics [M]. Dordrecht: Kluwer Academic Publishers, 1998: 1-20.

[34] BENNING C. Mechanisms of lipid transport involved in organelle biogenesis in plant cells [J]. Annu Rev Cell Dev Biol, 2009, 25: 71-91.

[35] 史中惠. 超表达单半乳糖甘油二酯合成酶基因 OsMGD 提高烟草耐多种逆境的能力 [D]. 杨凌: 西北农林科技大学, 2013.

[36] CARTER HE M R, SLIFER E D. Lipid of wheat flour: I. Characterization of galactosylglycerol components [J]. J Am Chem Soc, 1956, 78: 3735-3738.

[37] AWAI K, MARECHAL E, BLOCK M A, et al. Two types of MGDG syn-

thase genes, found widely in both 16 : 3 and 18 : 3 plants, differentially mediate galactolipid syntheses in photosynthetic and nonphotosynthetic tissues in*Arabidopsis thaliana* [J]. Proc Natl Acad Sci U S A, 2001, 98 (19): 10960-10965.

[38] JARVIS P, DORMANN P, PETO C A, et al. Galactolipid deficiency and abnormal chloroplast development in the*Arabidopsis* MGD synthase 1 mutant [J]. Proc Natl Acad Sci U S A, 2000, 97 (14): 8175-8179.

[39] KOBAYASHI K, AWAI K, NAKAMURA M, et al. Type-B monogalactosyldiacylglycerol synthases are involved in phosphate starvation-induced lipid remodeling, and are crucial for low-phosphate adaptation [J]. Plant J, 2009, 57 (2): 322-331.

[40] DORMANN P, HOFFMANN-BENNING S, BALBO I, et al. Isolation and characterization of an*Arabidopsis* mutant deficient in the thylakoid lipid digalactosyl diacylglycerol [J]. Plant Cell, 1995, 7 (11): 1801-1810.

[41] HEEMSKERK J W, STORZ T, SCHMIDT R R, et al. Biosynthesis of digalactosyldiacylglycerol in plastids from 16 : 3 and 18 : 3 plants [J]. Plant Physiol, 1990, 93 (4): 1286-1294.

[42] KELLY A A, DORMANN P. an arabidopsis gene encoding a UDP-galactose-dependent digalactosyldiacylglycerol synthase is expressed during growth under phosphate-limiting conditions [J]. J Biol Chem, 2002, 277 (2): 1166-1173.

[43] BENSON A A, DANIEL H, WISER R. A Sulfolipid in Plants [J]. Proc Natl Acad Sci U S A, 1959, 45 (11): 1582-1587.

[44] HEINZ E. Recent investigations on the biosynthesis of the plant sulfolipid. In: DE KOK L J, STULEN I, RENNENBERG H, et al. Sulfur nutrition and assimilation in higher plants. [J]. SPB Academic Publishers, 1993: 163-172.

[45] BARBER J, GOUNARIS K. What role does sulfolipid play within the thylakoid membrane [J]. Photosynth Res, 1986, 9: 239-249.

[46] NAKAMURA Y, KANEKO T, SATO S, et al. Complete genome structure of Gloeobacter violaceus PCC 7421, a cyanobacterium that lacks thylakoids (supplement) [J]. DNA Res, 2003, 10 (4): 181-201.

[47] LANGWORTHY T A, MAYBERRY W R, SMITH P F. A sulfonolipid

and novel glucosamidyl glycolipids from the extreme thermoacidophile Bacillus acidocaldarius [J]. Biochim Biophys Acta, 1976, 431 (3): 550-569.

[48] 杨文. 低磷胁迫对高等植物中膜脂含量及分布影响的研究 [D]. 北京: 中国科学院大学, 2003.

[49] BENNING C, SOMERVILLE C R. Isolation and genetic complementation of a sulfolipid-deficient mutant of Rhodobacter sphaeroides [J]. J Bacteriol, 1992, 174 (7): 2352-2360.

[50] BENNING C, SOMERVILLE C R. Identification of an operon involved in sulfolipid biosynthesis in Rhodobacter sphaeroides [J]. J Bacteriol, 1992, 174 (20): 6479-6487.

[51] GULER S, SEELIGER A, HARTEL H, et al. A null mutant of Synechococcus sp. PCC7942 deficient in the sulfolipid sulfoquinovosyl diacylglycerol [J]. J Biol Chem, 1996, 271 (13): 7501-7507.

[52] ESSIGMANN B, GULER S, NARANG R A, et al. Phosphate availability affects the thylakoid lipid composition and the expression of SQD1, a gene required for sulfolipid biosynthesis in *Arabidopsis thaliana* [J]. Proc Natl Acad Sci U S A, 1998, 95 (4): 1950-1955.

[53] SHIMOJIMA M, BENNING C. Native uridine 5′-diphosphate-sulfoquinovose synthase, SQD1, from spinach purifies as a 250-kDa complex [J]. Arch Biochem Biophys, 2003, 413 (1): 123-130.

[54] PUGH CE HAWKES T, HARWOOD JL. Biosynthesis of sulphoquinovosyldiacylglycerol by chloroplast fractions from pea and lettuce [J]. Phytochemistry, 1995, 39: 1071-1075.

[55] SHIMOJIMA M, HOFFMANN-BENNING S, GARAVITO R M, et al. Ferredoxin-dependent glutamate synthase moonlights in plant sulfolipid biosynthesis by forming a complex with SQD1 [J]. Arch Biochem Biophys, 2005, 436 (1): 206-214.

[56] BROWSE J W N, SOMERVILLE C R, SLACK C R. Fluxes through the prokaryotic and eukaryotic pathways of lipid synthesis in the '16 : 3' plant Arabidopsis thaliana. [J]. Biochem J, 1986, 235 (1): 25-31.

[57] HAGIO M, GOMBOS Z, VARKONYI Z, et al. Direct evidence for requirement of phosphatidylglycerol in photosystem II of photosynthesis [J]. Plant Physiol, 2000, 124 (2): 795-804.

［58］ SATO N, HAGIO M, WADA H, et al. Requirement of phosphatidylglyc-
erol for photosynthetic function in thylakoid membranes ［J］. Proc Natl
Acad Sci U S A, 2000, 97 (19): 10655-10660.

［59］ BABIYCHUK E, MULLER F, EUBEL H, et al. *Arabidopsis* phosphati-
dylglycerophosphate synthase 1 is essential for chloroplast differentiation,
but is dispensable for mitochondrial function ［J］. Plant J, 2003, 33
(5): 899-909.

［60］ XU C, HARTEL H, WADA H, et al. The pgp1 mutant locus of *Arabi-
dopsis* encodes a phosphatidylglycerolphosphate synthase with impaired ac-
tivity ［J］. Plant Physiol, 2002, 129 (2): 594-604.

［61］ YU B, XU C, BENNING C. *Arabidopsis* disrupted in SQD2 encoding sul-
folipid synthase is impaired in phosphate-limited growth ［J］. Proc Natl
Acad Sci U S A, 2002, 99 (8): 5732-5737.

［62］ YU B, BENNING C. Anionic lipids are required for chloroplast structure
and function in *Arabidopsis* ［J］. Plant J, 2003, 36 (6): 762-770.

［63］ DORMANN P, BENNING C. Galactolipids rule in seed plants ［J］. Trends
Plant Sci, 2002, 7 (3): 112-118.

［64］ FAGONE P, JACKOWSKI S. Membrane phospholipid synthesis and endo-
plasmic reticulum function ［J］. J Lipid Res, 2009, 50 Suppl:
S311-316.

［65］ LI-BEISSON Y, SHORROSH B, BEISSON F, et al. Acyl-lipid metabo-
lism ［M］. *Arabidopsis* Book, 2013, 11: e0161.

［66］ LI Q, SHEN W, ZHENG Q, et al. Adjustments of lipid pathways in
plant adaptation to temperature stress ［J］. Plant Signal Behav, 2016, 11
(1): e1058461.

［67］ HEINZ E, ROUGHAN P G. Similarities and differences in lipid metabolism
of chloroplasts isolated from 18 : 3 and 16 : 3 plants ［J］. Plant Physiol,
1983, 72 (2): 273-279.

［68］ BROWSE J, WARWICK N, SOMERVILLE C R, et al. Fluxes through
the prokaryotic and eukaryotic pathways of lipid synthesis in the '16 : 3'
plant*Arabidopsis thaliana* ［J］. Biochem J, 1986, 235 (1): 25-31.

［69］ FRENTZEN M, HEINZ E, MCKEON T A, et al. Specificities and selec-
tivities of glycerol-3-phosphate acyltransferase and monoacylglycerol-3-
phosphate acyltransferase from pea and spinach chloroplasts ［J］. Eur J

Biochem, 1983, 129 (3): 629-636.

[70] LOHDEN I, FRENTZEN M. Role of plastidial acyl-acyl carrier protein: Glycerol 3 - phosphate acyltransferase and acyl - acyl carrier protein hydrolase in channelling the acyl flux through the prokaryotic and eukaryotic pathway [J]. Planta, 1988, 176 (4): 506-512.

[71] TATSUTA T, SCHARWEY M, LANGER T. Mitochondrial lipid trafficking [J]. Trends Cell Biol, 2014, 24 (1): 44-52.

[72] HU J, BAKER A, BARTEL B, et al. Plant peroxisomes: biogenesis and function [J]. Plant Cell, 2012, 24 (6): 2279-2303.

[73] JANMOHAMMADI M. Metabolomic analysis of low temperature responses in plants [J]. Cancer Causes & Control, 2012, 1 (1): 1-6.

[74] HARWOOD J. Strategies for coping with low environmental temperatures [J]. Trends Biochem Sci, 1991, 16 (4): 126-127.

[75] MURAKAMI Y, TSUYAMA M, KOBAYASHI Y, et al. Trienoic fatty acids and plant tolerance of high temperature [J]. Science, 2000, 287 (5452): 476-479.

[76] TRACHIBANA S. Effect of root temperature on the concentration and fatty acid composition of phoapholipids in cucumber and figleaf gourd roots. [J]. JJPN SOC HORTIC SCI, 1987, 56: 180-188.

[77] 王萍, 张成军, 陈国祥, 等. 低温对水稻剑叶膜脂过氧化和脂肪酸组分的影响 [J]. 作物学报, 2006 (4): 568-572.

[78] BURGOS A, SZYMANSKI J, SEIWERT B, et al. Analysis of short-term changes in the Arabidopsis thaliana glycerolipidome in response to temperature and light [J]. Plant J, 2011, 66 (4): 656-668.

[79] HIGASHI Y, OKAZAKI Y, MYOUGA F, et al. Landscape of the lipidome and transcriptome under heat stress in *Arabidopsis thaliana* [J]. Sci Rep, 2015, 5: 10533.

[80] LI Q, ZHENG Q, SHEN W, et al. Understanding the biochemical basis of temperature-induced lipid pathway adjustments in plants [J]. Plant Cell, 2015, 27 (1): 86-103.

[81] MOELLERING E R, BENNING C. Galactoglycerolipid metabolism under stress: a time for remodeling [J]. Trends Plant Sci, 2011, 16 (2): 98-107.

[82] NAKAMURA Y, KOIZUMI R, SHUI G, et al. *Arabidopsis* lipins mediate

eukaryotic pathway of lipid metabolism and cope critically with phosphate starvation [J]. Proc Natl Acad Sci U S A, 2009, 106 (49): 20978-20983.

[83] NARAYANAN S, TAMURA P J, ROTH M R, et al. Wheat leaf lipids during heat stress: I. High day and night temperatures result in major lipid alterations [J]. Plant Cell Environ, 2016, 39 (4): 787-803.

[84] NARAYANAN S, PRASAD P V, WELTI R. Wheat leaf lipids during heat stress: II. Lipids experiencing coordinated metabolism are detected by analysis of lipid co-occurrence [J]. Plant Cell Environ, 2016, 39 (3): 608-617.

[85] SHEN W, LI J Q, DAUK M, et al. Metabolic and transcriptional responses of glycerolipid pathways to a perturbation of glycerol 3-phosphate metabolism in Arabidopsis [J]. J Biol Chem, 2010, 285 (30): 22957-22965.

[86] SZYMANSKI J, BROTMAN Y, WILLMITZER L, et al. Linking gene expression and membrane lipid composition of Arabidopsis [J]. Plant Cell, 2014, 26 (3): 915-928.

[87] DONALDSON J G. Phospholipase D in endocytosis and endosomal recycling pathways [J]. Biochim Biophys Acta, 2009, 1791 (9): 845-849.

[88] LI M, HONG Y, WANG X. Phospholipase D-and phosphatidic acid-mediated signaling in plants [J]. Biochim Biophys Acta, 2009, 1791 (9): 927-935.

[89] RAGHU P, MANIFAVA M, COADWELL J, et al. Emerging findings from studies of phospholipase D in model organisms (and a short update on phosphatidic acid effectors) [J]. Biochim Biophys Acta, 2009, 1791 (9): 889-897.

[90] TESTERINK C, MUNNIK T. Molecular, cellular, and physiological responses to phosphatidic acid formation in plants [J]. J Exp Bot, 2011, 62 (7): 2349-2361.

[91] ARISZ S A, TESTERINK C, MUNNIK T. Plant PA signaling via diacylglycerol kinase [J]. Biochim Biophy Acta, 2009, 1791 (9): 869-875.

[92] LAXALT A M, MUNNIK T. Phospholipid signalling in plant defence [J]. Curr Opin Plant Biol, 2002, 5 (4): 332-338.

[93] MISHKIND M, VERMEER J E, DARWISH E, et al. Heat stress activates

phospholipase D and triggers PIP accumulation at the plasma membrane and nucleus [J]. Plant J, 2009, 60 (1): 10-21.

[94] TESTERINK C, MUNNIK T. Phosphatidic acid: a multifunctional stress signaling lipid in plants [J]. Trends Plant Sci, 2005, 10 (8): 368-375.

[95] GOMEZ-MERINO F C, BREARLEY C A, ORNATOWSKA M, et al. At DGK2, a novel diacylglycerol kinase from *Arabidopsis thaliana*, phosphorylates 1-stearoyl-2-arachidonoyl-sn-glycerol and 1,2-dioleoyl-sn-glycerol and exhibits cold-inducible gene expression [J]. J Biol Chem, 2004, 279 (9): 8230-8241.

[96] HIRAYAMA T, OHTO C, MIZOGUCHI T, et al. A gene encoding a phosphatidylinositol-specific phospholipase C is induced by dehydration and salt stress in Arabidopsis thaliana [J]. Proc Natl Acad Sci U S A, 1995, 92 (9): 3903-3907.

[97] LEE B H, HENDERSON D A, ZHU J K. The *Arabidopsis* cold-responsive transcriptome and its regulation by ICE1 [J]. Plant Cell, 2005, 17 (11): 3155-3175.

[98] LI W, LI M, ZHANG W, et al. The plasma membrane-bound phospholipase Ddelta enhances freezing tolerance in *Arabidopsis thaliana* [J]. Nat Biotechnol, 2004, 22 (4): 427-433.

[99] ARISZ S A, VAN WIJK R, ROELS W, et al. Rapid phosphatidic acid accumulation in response to low temperature stress in *Arabidopsis* is generated through diacylglycerol kinase [J]. Front Plant Sci, 2013, 4: 1.

[100] RUELLAND E, CANTREL C, GAWER M, et al. Activation of phospholipases C and D is an early response to a cold exposure in *Arabidopsis* suspension cells [J]. Plant Physiol, 2002, 130 (2): 999-1007.

[101] LI Y, TAN Y, SHAO Y, et al. Comprehensive genomic analysis and expression profiling of diacylglycerol kinase gene family in *Malus prunifolia* (*Willd.*) Borkh [J]. Gene, 2015, 561 (2): 225-234.

[102] GE H, CHEN C, JING W, et al. The rice diacylglycerol kinase family: functional analysis using transient RNA interference [J]. Front Plant Sci, 2012, 3: 60.

[103] SAUCEDO-GARCIA M, GAVILANES-RUIZ M, ARCE-CERVANTES O. Long-chain bases, phosphatidic acid, MAPKs, and reactive oxygen

species as nodal signal transducers in stress responses in Arabidopsis [J]. Front Plant Sci, 2015, 6: 55.

[104] XIE S, NASLA VS KY N, CAPLAN S. Diacylglycerol kinases in membrane trafficking [J]. Cell Logist, 2015, 5 (2): e1078431.

[105] VAULTIER M N, CANTREL C, GUERBETTE F, et al. The hydrophobic segment of *Arabidopsis thaliana* cluster I diacylglycerol kinases is sufficient to target the proteins to cell membranes [J]. FEBS Lett, 2008, 582 (12): 1743-1748.

[106] ZHU J K. Abiotic Stress Signaling and Responses in Plants [J]. Cell, 2016, 167 (2): 313-324.

[107] CHINNUSAMY V, ZHU J, ZHU J K. Cold stress regulation of gene expression in plants [J]. Trends Plant Sci, 2007, 12 (10): 444-451.

[108] ORVAR B L, SANGWAN V, OMANN F, et al. Early steps in cold sensing by plant cells: the role of actin cytoskeleton and membrane fluidity [J]. Plant J, 2000, 23 (6): 785-794.

[109] SANGWAN V, FOULDS I, SINGH J, et al. Cold-activation of Brassica napus BN115 promoter is mediated by structural changes in membranes and cytoskeleton, and requires Ca^{2+} influx [J]. Plant J, 2001, 27 (1): 1-12.

[110] OKUMURA K, KONDO J, YOSHINO M, et al. Enalapril reduces the enhanced 1,2-diacylglycerol content and RNA synthesis in spontaneously hypertensive rat hearts before established hypertension [J]. Mol Cell Biochem, 1992, 112 (1): 15-21.

[111] NOREN L, KINDGREN P, STACHULA P, et al. Circadian and Plastid Signaling Pathways Are Integrated to Ensure Correct Expression of the CBF and COR Genes during Photoperiodic Growth [J]. Plant Physiol, 2016, 171 (2): 1392-1406.

[112] DING Y, L I H, ZHANG X, et al. OST1 kinase modulates freezing tolerance by enhancing ICE1 stability in Arabidopsis [J]. Dev Cell, 2015, 32 (3): 278-289.

[113] VAULTIER M N, CANTREL C, VERGNOLLE C, et al. Desaturase mutants reveal that membrane rigidification acts as a cold perception mechanism upstream of the diacylglycerol kinase pathway in *Arabidopsis* cells [J]. FEBS Lett, 2006, 580 (17): 4218-4223.

[114] VERGNOLLE C, VAULTIER M N, TACONNAT L, et al. The cold-induced early activation of phospholipase C and D pathways determines the response of two distinct clusters of genes in *Arabidopsis* cell suspensions [J]. Plant Physiol, 2005, 139 (3): 1217-1233.

[115] WILLIAMS M E, TORABINEJAD J, COHICK E, et al. Mutations in the*Arabidopsis* phosphoinositide phosphatase gene SAC9 lead to overaccumulation of PtdIns (4, 5) P2 and constitutive expression of the stress-response pathway [J]. Plant Physiol, 2005, 138 (2): 686-700.

[116] KOMATSU S, YANG G, KHAN M, et al. Over-expression of calcium-dependent protein kinase 13 and calreticulin interacting protein 1 confers cold tolerance on rice plants [J]. Mol Genet Genomics, 2007, 277 (6): 713-723.

[117] XIONG L, ISHITANI M, LEE H, et al. The *Arabidopsis* LOS5/ABA3 locus encodes a molybdenum cofactor sulfurase and modulates cold stress-and osmotic stress-responsive gene expression [J]. Plant Cell, 2001, 13 (9): 2063-2083.

[118] COOK D, FOWLER S, FIEHN O, et al. A prominent role for the CBF cold response pathway in configuring the low-temperature metabolome of *Arabidopsis* [J]. Proc Natl Acad Sci U S A, 2004, 101 (42): 15243-15248.

[119] KAPLAN F, KOPKA J, HASKELL D W, et al. Exploring the temperature-stress metabolome of *Arabidopsis* [J]. Plant Physiol, 2004, 136 (4): 4159-4168.

[120] HANNAH M A, WIESE D, FREUND S, et al. Natural genetic variation of freezing tolerance in *Arabidopsis* [J]. Plant Physiol, 2006, 142 (1): 98-112.

[121] SATOH R, NAKASHIMA K, SEKI M, et al. ACTCAT, a novel cis-acting element for proline-and hypoosmolarity-responsive expression of the ProDH gene encoding proline dehydrogenase in *Arabidopsis* [J]. Plant Physiol, 2002, 130 (2): 709-719.

[122] OONO Y, SEKI M, NANJO T, et al. Monitoring expression profiles of *Arabidopsis* gene expression during rehydration process after dehydration using ca 7000 full-length cDNA microarray [J]. Plant J, 2003, 34 (6): 868-887.

［123］ COSTA V，ANGELINI C，DE FEIS I，et al. Uncovering the complexity of transcriptomes with RNA‑Seq［J］. J Biomed Biotechnol，2010，2010：853916.

［124］ WANG Z，GERSTEIN M，SNYDER M. RNA‑Seq：a revolutionary tool for transcriptomics［J］. Nat Rev Genet，2009，10（1）：57‑63.

［125］ OZSOLAK F，MILOS P M. RNA sequencing：advances，challenges and opportunities［J］. Nat Rev Genet，2011，12（2）：87‑98.

［126］ MAHER C A，PALANISAMY N，BRENNER J C，et al. Chimeric transcript discovery by paired‑end transcriptome sequencing［J］. Proc Natl Acad Sci USA，2009，106（30）：12353‑12358.

［127］ AU K F，JIANG H，LIN L，et al. Detection of splice junctions from paired‑end RNA‑seq data by SpliceMap［J］. Nucleic Acids Res，2010，38（14）：4570‑4578.

［128］ 杨献光，梁卫红，齐志广，等. 植物非生物胁迫应答的分子机制［J］. 麦类作物学报，2006（6）：158‑161.

［129］ 金越. 干旱对水稻花发育的影响：形态学，转录组学及相关基因的功能研究［D］. 上海：复旦大学，2013.

［130］ CALDERON‑VAZQUEZ C，IBARRA‑LACLETTE E，CABALLERO‑PEREZ J，et al. Transcript profiling of *Zea mays* roots reveals gene responses to phosphate deficiency at the plant‑and species‑specific levels［J］. J Exp Bot，2008，59（9）：2479‑2497.

［131］ 耿存娟. 淹水胁迫下玉米幼苗的转录组分析及耐渍候选基因克隆［D］. 武汉：华中农业大学，2014.

［132］ BENJAMINI Y，SPEED T P. Summarizing and correcting the GC content bias in high‑throughput sequencing［J］. Nucleic Acids Res，2012，40（10）：e72.

［133］ 彭晓剑. 不同类型玉米胚乳转录组及其淀粉代谢相关基因分析［D］. 合肥：安徽农业大学，2015.

［134］ YUAN X H，LI S，JIANG Y，et al. Transcriptome Profile Analysis of Maize Seedlings in Response to High‑salinity，Drought and Cold Stresses by Deep Sequencing［J］. Plant Mol Biol，2013，31：1485‑1491.

［135］ SHAN X，LI Y，JIANG Y，et al. Transcriptome Profile Analysis of Maize Seedlings in Response to High‑salinity，Drought and Cold

Stresses by Deep Sequencing [J]. Plant Mol Biol Rep, 2013, 31 (6): 1485-1491.

[136] NAKASHIMA K, YAMAGUCHI-SHINOZAKI K, SHINOZAKI K. The transcriptional regulatory network in the drought response and its crosstalk in abiotic stress responses including drought, cold, and heat [J]. Front Plant Sci, 2014, 5 (170).

[137] YAMAGUCHI-SHINOZAKI K, SHINOZAKI K. A novel cis-acting element in an *Arabidopsis* gene is involved in responsiveness to drought, low-temperature, or high-salt stress [J]. Plant Cell, 1994, 6 (2): 251-264.

[138] YAMAGUCHI-SHINOZAKI K, SHINOZAKI K. Transcriptional regulatory networks in cellular responses and tolerance to dehydration and cold stresses [J]. Annu Rev Plant Biol, 2006, 57: 781-803.

[139] RAMEGOWDA V, SENTHIL-KUMAR M, NATARAJA K N, et al. Expression of a finger millet transcription factor, EcNAC1, in tobacco confers abiotic stress-tolerance [J]. PLoS One, 2012, 7 (7): 11.

[140] OOKA H, SATOH K, DOI K, et al. Comprehensive analysis of NAC family genes in *Oryza sativa* and *Arabidopsis thaliana* [J]. DNA Res, 2003, 10 (6): 239-247.

[141] FANG Y, YOU J, XIE K, et al. Systematic sequence analysis and identification of tissue-specific or stress-responsive genes of NAC transcription factor family in rice [J]. Mol Genet Genomics, 2008, 280 (6): 547-563.

[142] WANG X, CULVER J N. DNA binding specificity of ATAF2, a NAC domain transcription factor targeted for degradation by Tobacco mosaic virus [J]. BMC Plant Biol, 2012, 12 (157): 1471-2229.

[143] HU H, DAI M, YAO J, et al. Overexpressing a NAM, ATAF, and CUC (NAC) transcription factor enhances drought resistance and salt tolerance in rice [J]. Proc Natl Acad Sci U S A, 2006, 103 (35): 12987-12992.

[144] FUJITA M, MIZUKADO S, FUJITA Y, et al. Identification of stress-tolerance-related transcription-factor genes via mini-scale Full-length cDNA Over-expressor (FOX) gene hunting system [J]. Biochem Biophys Res Commun, 2007, 364 (2): 250-257.

［145］ DUBOUZET J G, SAKUMA Y, ITO Y, et al. OsDREB genes in rice, *Oryza sativa* L., encode transcription activators that function in drought-, high-salt-and cold-responsive gene expression ［J］. Plant J, 2003, 33（4）: 751-763.

［146］ LI Z, HU G, LIU X, et al. Transcriptome sequencing identified genes and gene ontologies associated with early freezing tolerance in Maize ［J］. Front Plant Sci, 2016（7）: 1477.

［147］ JONCZYK M, SOBKOWIAK A, TRZCINSKA-DANIELEWICZ J, et al. Global analysis of gene expression in maize leaves treated with low temperature. II. Combined effect of severe cold（8 ℃）and circadian rhythm ［J］. Plant Mol Biol, 2017, 95: 279-302.

［148］ JANSKA A, MARSIK P, ZELENKOVA S, et al. Cold stress and acclimation-what is important for metabolic adjustment? ［J］. Plant Biol, 2010, 12（3）: 395-405.

［149］ LI Z, HU G, LIU X, et al. Transcriptome Sequencing Identified Genes and Gene Ontologies Associated with Early Freezing Tolerance in Maize ［J］. Front Plant Sci, 2016, 7: 1477.

［150］ 李玲. 植物生理学模块实验指导 ［M］. 北京: 科学出版社, 2009.

［151］ 王学奎. 植物生理生化实验原理和技术 ［M］. 北京: 高等教育出版社, 2006.

［152］ 刘萍, 李明军. 植物生理学实验技术 ［M］. 北京: 科学出版社, 2007.

［153］ 刘建新, 丁华侨, 田丹青, 等. 擎天凤梨苞片叶绿素代谢关键基因的分离及褪绿的分子机理 ［J］. 中国农业科学, 2016（13）: 2593-2602.

［154］ 王平荣, 张帆涛, 高家旭, 等. 高等植物叶绿素生物合成的研究进展 ［J］. 西北植物学报, 2009（3）: 629-636.

［155］ 许耀照, 曾秀存, 张芬琴, 等. 白菜型冬油菜叶片结构和光合特性对冬前低温的响应 ［J］. 作物学报, 2017（3）: 432-441.

［156］ 杨静. 低温下甜玉米种子萌发期和苗期的抗氧化酶活性及基因表达水平的差异 ［D］. 广州: 暨南大学, 2015.

［157］ SPICHER L, GLAUSER G, KESSLER F. Lipid Antioxidant and Galactolipid Remodeling under Temperature Stress in Tomato Plants ［J］. Front Plant Sci, 2016, 7: 167.

［158］ MAURO S, DAINESE P, LANNOYE R, et al. Cold‒Resistant and Cold‒Sensitive Maize Lines Differ in the Phosphorylation of the Photosystem Ⅱ Subunit, CP29 ［J］. Plant Physiol, 1997, 115 (1): 171‒180.

［159］ ALLEN D J, ORT D R. Impacts of chilling temperatures on photosynthesis in warm‒climate plants ［J］. Trends Plant Sci, 2001, 6 (1): 36‒42.

［160］ HANNAH M A, HEYER A G, HINCHA D K. A global survey of gene regulation during cold acclimation in Arabidopsis thaliana ［J］. PLoS Genet, 2005, 1 (2): e26.

［161］ SHARMA P, SHARMA N, DESWAL R. The molecular biology of the low‒temperature response in plants ［J］. Bioessays, 2005, 27 (10): 1048‒1059.

［162］ WINFIELD M O, LU C, WILSON I D, et al. Plant responses to cold: Transcriptome analysis of wheat ［J］. Plant Biotechnol J, 2010, 8 (7): 749‒771.

［163］ MEGHA S, BASU U, KAV N N. Regulation of low temperature stress in plants by microRNAs ［J］. Plant Cell Environ, 2017, 27 (10): 12956.

［164］ OIDAIRA H, SANO S, KOSHIBA T, et al. Enhancement of Antioxidative Enzyme Activities in Chilled Rice Seedlings ［J］. J Plant Physiol, 2000, 156 (5‒6): 811‒813.

［165］ BACK K H, SKINNER D Z. Alteration of antioxidant enzyme gene expression during cold ac climation of near‒isogonics wheat lines ［J］. Plant Sci, 2003, 165: 1221‒1227.

［166］ TSANG E W, BOWLER C, HEROUART D, et al. Differential regulation of superoxide dismutases in plants exposed to environmental stress ［J］. Plant Cell, 1991, 3 (8): 783‒792.

［167］ FORTUNATO A S, LIDON F C, BATISTA‒SANTOS P, et al. Biochemical and molecular characterization of the antioxidative system of Coffea sp. under cold conditions in genotypes with contrasting tolerance ［J］. J Plant Physiol, 2010, 167 (5): 333‒342.

［168］ NAYDENOV N G, KHANAM S, SINIAUSKAYA M, et al. Profiling of mitochondrial transcriptome in germinating wheat embryos and seedlings subjected to cold, salinity and osmotic stresses ［J］. Genes Genet Syst,

2010, 85（1）: 31-42.

[169] RAWYLER A, PAVELIC D, GIANINAZZI C, et al. Membrane lipid integrity relies on a threshold of ATP production rate in potato cell cultures submitted to anoxia [J]. Plant Physiol, 1999, 120（1）: 293-300.

[170] BOTELLA C, JOUHET J, BLOCK M A. Importance of phosphatidylcholine on the chloroplast surface [J]. Prog Lipid Res, 2017, 65: 12-23.

[171] BEISSON F, KOO A J, RUUSKA S, et al. *Arabidopsis* genes involved in acyl lipid metabolism. A 2003 census of the candidates, a study of the distribution of expressed sequence tags in organs, and a web-based database [J]. Plant Physiol, 2003, 132（2）: 681-697.

[172] TRONCOSO-PONCE M A, CAO X, YANG Z, et al. Lipid turnover during senescence [J]. Plant Sci, 2013, 205-206: 13-19.

[173] WELTI R, LI W, LI M, et al. Profiling membrane lipids in plant stress responses. Role of phospholipase D alpha in freezing-induced lipid changes in *Arabidopsis* [J]. J Biol Chem, 2002, 277（35）: 31994-32002.

[174] MANAN S, CHEN B, SHE G, et al. Transport and transcriptional regulation of oil production in plants [J]. Crit Rev Biotechnol, 2016, 37: 1-15.

[175] WANG Z, XU C, BENNING C. TGD4 involved in endoplasmic reticulum-to-chloroplast lipid trafficking is a phosphatidic acid binding protein [J]. Plant J, 2012, 70（4）: 614-623.

[176] POUVREAU B, BAUD S, VERNOUD V, et al. Duplicate maize Wrinkled1 transcription factors activate target genes involved in seed oil biosynthesis [J]. Plant Physiol, 2011, 156（2）: 674-686.

[177] HOLZL G, WITT S, GAUDE N, et al. The role of diglycosyl lipids in photosynthesis and membrane lipid homeostasis in *Arabidopsis* [J]. Plant Physiol, 2009, 150（3）: 1147-1159.

[178] ZHENG G, TIAN B, ZHANG F, et al. Plant adaptation to frequent alterations between high and low temperatures: remodelling of membrane lipids and maintenance of unsaturation levels [J]. Plant Cell Environ, 2011, 34（9）: 1431-1442.

[179] HONG Y, ZHAO J, GUO L, et al. Plant phospholipases D and C and

their diverse functions in stress responses ［J］. Prog Lipid Res，2016，62：55-74.

［180］ NARAYANAN S，PRASAD P V，WELTI R. Wheat leaf lipids during heat stress：II. Lipids experiencing coordinated metabolism are detected by analysis of lipid co-occurrence ［J］. Plant Cell Environ，2016，39（3）：608-617.

主要符号中英文对照

英文缩写	中文全称	英文全称
AAPT	氨基乙醇磷酸转移酶	Aminoalcohol Phosphotransferase
DAG	二酰甘油	Diacylglycerol
DEG	差异表达基因	Differentially Expressed Gene
DGAT	二酰基甘油酰基转移酶	Diacylglycerol Acyltransferase
DGD	双半乳糖甘油二酯合成酶	Digalactosyl Diacylglycero Synthase
DGDG	双半乳糖甘油二酯	Digalactosyldiacylglycerol
DGK	二酰甘油激酶	Diacylglycerol Kinase
FAB	脂肪酸合成酶	Fatty Acid Synthetase
FAD	脂肪酸去饱和酶	Fatty Acid Desaturase
G-3-P	三磷酸甘油	Glycerol Triphosphate
GPAT	三磷酸甘油酰基转移酶	Glycerol-3-Phosphate Acyltransferase
LACS	长链脂酰辅酶 A 合成酶	Long-Chain Acyl-Coenzyme A Synthetase
LPAT	溶血磷脂酰基转移酶	Lysophosphatidyl Acyltransferase
LPPs	磷脂磷酸水解酶	Lipid Phosphate Phosphatase
MGD	半乳糖甘油二酯合成酶	Monogalactosyl Diacylglycerol Synthase
MGDG	半乳糖甘油二酯	Monogalactosyl Diacylglycerol
NPC	非特异性结合 PLC	Non-Specific Phospholipase C
PA	磷脂酸	Phosphatidic Acid
PAH	磷脂磷酸水解酶	Phosphatidate Phosphohydrolase
PAP	磷脂酸磷酸酶	Phosphatidic Acid Phosphatase
PC	磷脂酰胆碱	Phosphatidylcholine

（续表）

英文缩写	中文全称	英文全称
PDAT	磷脂二酰基甘油酰基转移酶	Phospholipid Diacylglycerol Acyltransferase
PE	磷脂酰乙醇胺	Phosphatidylethanolamine
PG	磷脂酰甘油	Phosphatidyl Glycerol
PI	磷脂酰肌醇	Phosphatidylinositol
PLA	磷脂酶 A	Phospholipase A
PLC	磷脂酶 C	Phospholipase C
PLD	磷脂酶 D	Phospholipase D
PS	磷脂酰丝氨酸	Phosphatidylserine
SQD	硫代异鼠李糖甘油二酯合成酶	Sulfoquinovosyl Diacylglycerol Synthase
SQDG	硫代异鼠李糖甘油二酯	Sulfoquinovosyl Diacylglycerol
TAG	三酰甘油	Triacylglycerol
TGD	三半乳糖基甘油二酯	Tri Galactosyl Diacylglycerol

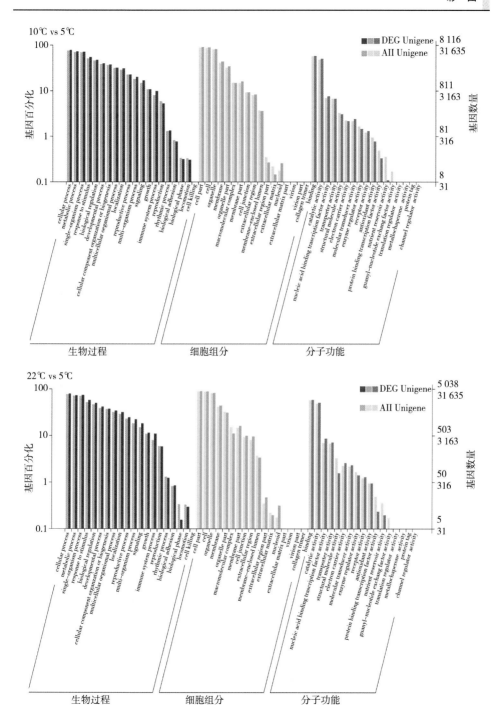

彩图 1　玉米叶片转录组两两比较获得的差异表达基因的 GO 分类

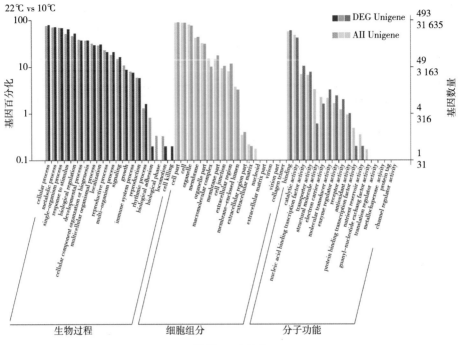

彩图 1 （续）

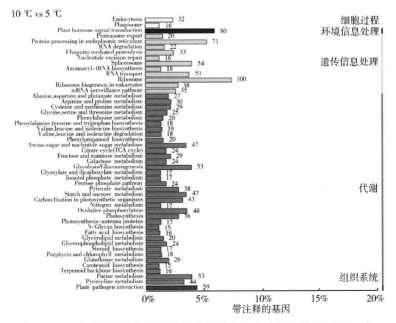

彩图 2　玉米叶片转录组两两比较获得的差异表达基因的 KEGG 分类

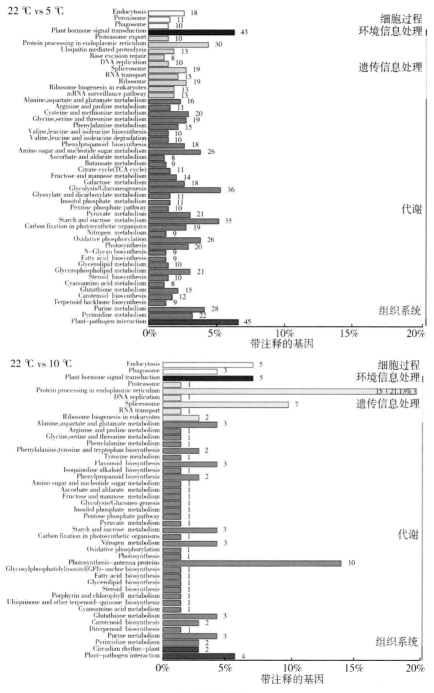

彩图2（续）

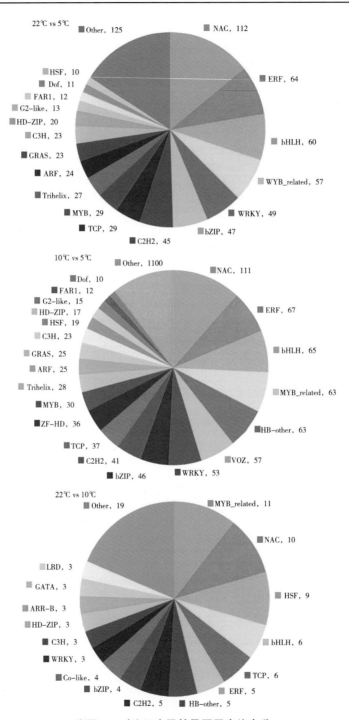

彩图 3　对比组中及转录因子家族名称

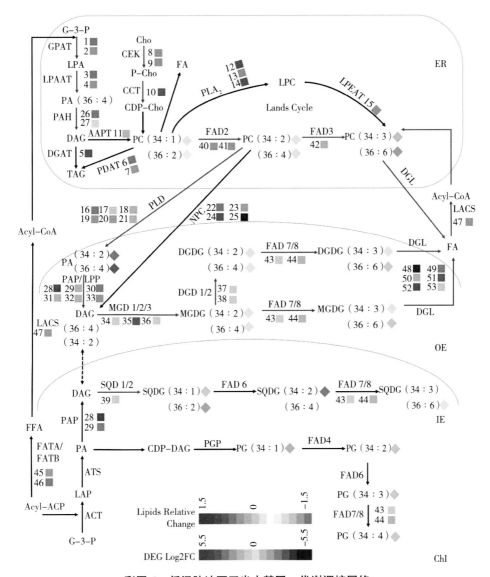

彩图 4　低温胁迫下玉米中基因—代谢调控网络

注：Chl 为叶绿体；IE 为包膜内层；OE 为包膜外层；ER 为内质网。

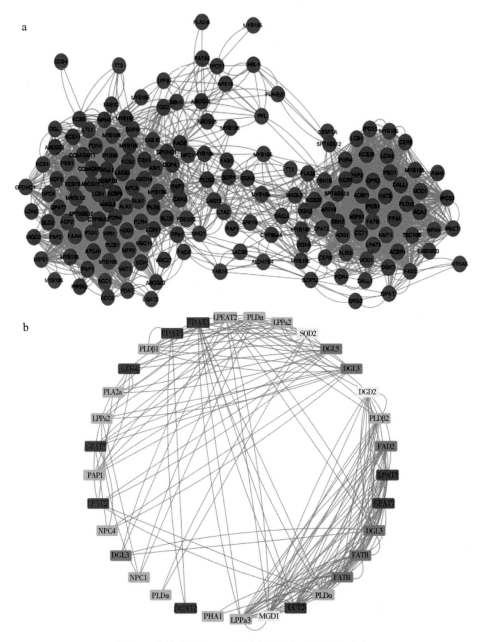

彩图 5　低温胁迫下玉米脂类基因共表达网络建立

注：a.脂类差异表达基因相关表达分析（差异表达基因，$Log_2FC \geqslant 1.5$ 或 $\geqslant -1.5$）；b.甘油酯途径中主要基因的相关性分析；相关基因相关性筛选软件为 cytoscape，标准为 >0.9。

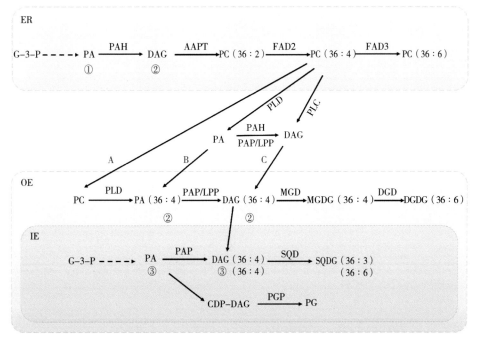

彩图 6　低温胁迫下玉米磷脂途径和甘油糖脂途径之间交互作用猜想

注：IE 为包膜内层；OE 为包膜外层；ER 为内质网。